L'Esprit des mots

Xavier Alario

L'Esprit des mots

Pour une nouvelle neuroscience du langage

Odile Jacob

3, rue Auguste-Comte, 75006 Paris

www.odilejacob.fr

ISBN : 978-2-4150-0832-1

« Si les gens sont fatigués des mots,
je perds mon emploi. »

José Saramago, *La Lucidité*, 2006.

Avant-propos

Commençons au pied de la lettre. Que pouvez-vous dire de la lettre « A » ? Bien des choses en somme…

Visuellement : vous pouvez décrire ses diverses formes, minuscules, capitales, cursives, etc. Manuellement : vous en connaissez les commandes motrices déclenchant les mouvements pour l'écrire ou trouver sa position sur un clavier « Azerty ». Oralement : vous en connaissez la prononciation, seule « a » ou accompagnée « ai », « au ». Grammaticalement : vous connaissez son sens de verbe « avoir » conjugué et peut-être aussi son sens de très bonne note en classe.

Mais vos connaissances ne s'arrêtent pas à « A » : vous avez beaucoup d'autres lettres et d'esprit ! En parlant, vous produisez deux à trois mots par seconde ; en lisant, vous parcourez une ou plusieurs centaines de mots par minute. Imaginez ou estimez combien cela fait de mots en une heure de lecture, une semaine de conversations, une décennie de vie… Votre expertise du langage est somme toute phénoménale et vous n'avez peut-être pas besoin de lire ce livre.

Sauf qu'utiliser le langage ne nous dit pas d'où il vient. Notre formidable savoir-*faire* verbal ne nous aide pas à comprendre la nature et l'origine de notre capacité à parler, à lire ou à écrire. Décortiquer tout cela demande de prendre du recul, de sortir de l'expérience subjective donnée par l'utilisation et d'adopter une approche plus objective, plus scientifique. Cette démarche s'avère extrêmement intéressante car le langage se prête à de très nombreuses descriptions complémentaires.

D'un côté, le langage est abstrait. Les mots servent à désigner ce que nous avons devant les yeux, mais aussi ce qui n'est pas là, ou même ce qui n'existe pas. Aucune similarité apparente entre les formes « cuillère », « *Löffel* » et « *spoon* ». Pourtant ces trois mots désignent la même classe d'objets. À la diversité de formes et de matières de ces objets s'ajoute le fait que « cuillère » est dit nom féminin alors que « *Löffel* » est dit masculin, et « *spoon* » ni l'un ni l'autre. Ces étiquettes reflètent le contexte d'usage de ces mots, par exemple les articles « la » ou « le » (ou encore, « *die* », « *das* », « *der* »), suivant des régularités codifiées comme genre grammatical. C'est un fait que toute langue comporte des catégories et des règles qui portent sur des entités immatérielles. En français, ces règles vont du plus simple au plus raffiné. Écrire un « s » à la deuxième personne du singulier de tous les temps et modes verbaux (sauf un !) est enfantin. Accorder correctement le participe passé des verbes pronominaux est… impossible. Ainsi, l'utilisation du langage nous demande de satisfaire à un vaste système de généralisations et de combinaisons éminemment abstraites, et à des exceptions d'apparence souvent fortuite.

D'un autre côté, le langage est concret. Lire, écrire ou parler ne peuvent se faire sans bouger. Nous écoutons rarement sans opiner du chef et même lire calmement s'accompagne d'une valse saccadée du regard et des yeux. Prononcer un mot, c'est réaliser des mouvements d'articulation générant des bruits modulés dont on peut facilement quantifier les propriétés physiques : durée, volume, fréquences, harmoniques, etc. Ce signal complexe se propage dans l'air et vient stimuler des organes sensoriels. Certains mouvements dans l'oreille interne déclencheront des impulsions électriques qui seront transmises au cortex où elles seront décodées. Le mot entendu sera alors compris. Cette compréhension pourra être compromise si un accident vasculaire endommage la matière cérébrale. Dans ce cas, le cerveau lésé pourrait ne plus comprendre des mots tout en pouvant les articuler, ou bien ne plus arriver à les articuler tout en pouvant les comprendre. Ainsi, l'utilisation du langage est un événement physique complexe qui repose sur une variété de phénomènes acoustiques, mécaniques, électriques et biologiques.

Cet entrelacs de règles combinatoires abstraites et de phénomènes physiques complexes est assez singulier. Les humains sont d'ailleurs la seule espèce animale qui parle, écrive et lise, et qui produise ou s'intéresse à des entités dont la structure est aussi diversement complexe que les aventures de *L'Ingénieux Hidalgo Don Quichotte de la Manche*, les *Mémoires d'Hadrien*, votre dernière conversation en famille, ou même cette phrase. Alors que les bébés humains apprennent à parler sans besoin d'aucune leçon particulière, les efforts pour apprendre le langage à nos proches cousins les singes ont été bien peu efficaces, en dépit de cerveaux parfois très proches du nôtre. Quant à nos animaux domestiques, constamment exposés au langage humain, s'il ne leur manque qu'une chose, c'est bien la parole. Bien sûr, beaucoup d'animaux communiquent, chaque espèce possiblement à sa manière, mais « communiquer » n'implique pas « langage ». Parler du célèbre « langage des abeilles », par exemple, est à proprement parler un abus de langage.

Depuis peu, pourtant, les humains ne sont plus les seules entités dans l'univers à utiliser le langage. Le cercle restreint des locuteurs et locutrices a été rejoint par de nouvelles venues : les machines. Pendant plusieurs décennies, la machine qui avait la conversation la plus intéressante était l'horloge parlante. De nos jours, les moins de 50 ans n'ont jamais entendu parler (de) l'horloge parlante, mais le premier téléphone ou ordinateur venu est capable de transcrire de la parole et de produire des textes à notre place. Les contextes de ces interactions humain-machine sont de plus en plus naturels.

Les performances linguistiques des grands modèles de langage nous ébahissent chaque jour un peu plus.

Ainsi, les animaux non humains, dont les formes ont été façonnées par l'évolution au cours de millions d'années d'interactions avec des milieux naturels complexes, ne parleraient pas. Les ordinateurs, circuits électroniques certes complexes mais conçus artificiellement depuis moins de cent ans, parleraient. Devant ces contrastes, comment cerner le langage ? Un code abstrait ancré dans des bases matérielles solides, une routine facile à apprendre pour certains et obstinément impossible pour d'autres, un instinct naturel maîtrisé par des artefacts… ? Qui a assez d'esprit pour avoir un langage ?

Nous abordons ici ces questions en usant des mots comme ingrédient fondamental. La place des mots dans le langage est centrale. En 1894, le premier article du premier volume du journal de référence *L'Année psychologique* s'est intitulé « La mémoire des mots » ; cent ans plus tard, en 1994, la place des mots était métaphoriquement comparée à la place centrale qu'occupent les cellules pour comprendre le vivant[1]. Comme les cellules, les mots ont une unité qui les situe à mi-chemin entre des objets plus élémentaires et « microscopiques » – les lettres et les phonèmes – et des constructions plus complexes et « macroscopiques » – les phrases, les dialogues et les discours. En équilibre entre ces deux niveaux, explorons donc plus en détail ce qu'est l'esprit des mots.

PREMIÈRE PARTIE

CHAPITRE 1

Que savons-nous des mots ?

Voici une question d'apparence simple : Qu'est-ce qu'un mot ?

Avant d'aller plus loin, vous pouvez proposer votre réponse personnelle à cette question. Par exemple, vous pouvez écrire une définition du mot « mot » en 100 caractères dans l'espace réservé ci-dessous :

. . . .

. . . .

Posez cette même question à une assemblée d'étudiants et étudiantes de formations diverses telles que la linguistique, la psychologie, l'informatique ou les mathématiques et vous obtiendrez une variété remarquable de réponses. Voici quelques exemples :

- « Suite de lettres ayant un sens. »
- « Un mot est une unité dans une phrase. »
- « Plus petite unité graphique (et phonémique ?) pouvant être définie. »
- « Une unité de base de communication orale et écrite et caractérisée par une nature et une fonction. »
- « Unité sémantique et phonologique s'inscrivant dans une structure langagière. »
- « Ensemble d'unités graphiques ou orales renvoyant à un concept et permettant transmission d'une information. »
- etc.

Chacune de ces définitions amène des notions très pertinentes à propos de ce qu'est un mot. D'expérience, celles qui reviennent le plus souvent invoquent l'orthographe (un mot peut s'écrire, c'est une suite de lettres), le sens (un mot a une signification, il « fait référence à »), ou la notion d'unité (un mot a quelque chose d'élémentaire, même si certains peuvent se partager en morceaux). Aucune de ces définitions, pourtant, n'est satisfaisante. En cours, on convient rapidement, au bout de quelques réponses, que 100 caractères ce n'est pas assez. D'ailleurs, la définition du mot « mot » dans le dictionnaire de l'Académie française* fait usage de plus de 1 200 mots – soit plus de 7 000 caractères ! Cette définition a inspiré la proposition de carte mentale présentée dans la figure qui suit.

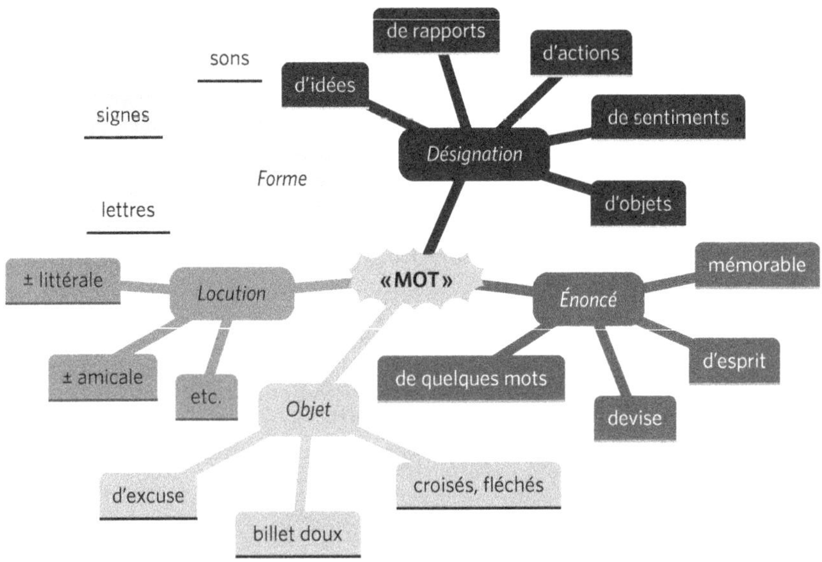

Figure 1. Carte mentale inspirée par la définition du mot « mot » fournie par le dictionnaire de l'Académie française ; sa construction n'est pas facile !

* Le dictionnaire de l'Académie française est disponible en ligne : https://www.dictionnaire-academie.fr/article/A9M2917. Le *Trésor de la langue française* informatisé est un formidable complément : http://atilf.atilf.fr/tlf.htm. Les dernières nouveautés se trouvent sur le site https://www.culture.fr/franceterme.

Les mots vivent dans l'esprit

Nous pourrions partir d'une telle définition, précise et de pedigree avéré, pour mener notre exploration des mots et de leur usage. Mais la définition proposée ne souligne peut-être pas assez un point très important pour notre propos. Les mots vivent dans l'esprit de celles et ceux qui les utilisent. On ne s'en aperçoit qu'à travers quelques locutions et expressions citées :

> LOC. ET EXPR. « *Chercher ses mots*, hésiter, avoir du mal à trouver le terme qui convient. *Avoir un mot sur le bout de la langue* (fam.), voir **Bout**. *Peser ses mots*, parler avec prudence. *Manger, avaler ses mots*, les prononcer trop vite, de façon indistincte. »

Produire ou comprendre un mot, se servir des différents aspects décrits dans la définition et la figure, repose sur la *connaissance* qu'une personne a de ces informations. Pour exister pleinement, un mot doit être connu. La définition de « mot » ne va donc pas suffire. Nous avons aussi besoin de définir ce que c'est que « connaître ».

Qu'est-ce qu'une connaissance ? Cette question amène la même proposition de participation que ci-dessus, celle d'écrire une définition du mot « connaissance » en moins de cent caractères :

. . . .

. . . .

Les étudiants et étudiantes proposant des définitions de « connaissance » donnent des réponses encore plus variées que pour « mot » :

- « La compréhension de certains phénomènes. »
- « Ensemble d'informations obtenues à travers les organes sensoriels. »
- « Concept ou savoir-faire qui peut être appris ou transmis. »
- « Information que l'on possède, stockée dans le cerveau (grâce à la mémoire). »

- « Représentation mentale d'un concept, une idée ou un fait que l'on tient pour vrai. »
- « Idée, concepts détenus par un individu ou groupe d'individus attestés par des pairs. »
- « La connaissance constitue notre savoir et notre culture générale, elle permet d'appréhender le monde. »
- et, possiblement la proposition la plus synthétique de toutes celles que j'ai pu recueillir : « C'est une connaissance. »

À nouveau, chacune de ces propositions contribue à fixer des contours importants de la notion de « connaissance », mais aucune ne suffit, et certaines pourraient gagner à être plus précises. Le dictionnaire de l'Académie française nous propose, parmi divers aspects : « Acte de l'esprit par lequel on se représente, définit ou comprend un objet ». Ainsi, la connaissance des mots (par exemple : « vedette ») serait l'acte ou les actes de l'esprit par lesquels nous appréhendons les différents éléments associés à la forme « vedette ». Une telle formulation nous est très utile en orientant le regard que nous portons sur les mots.

Diverses façons de penser aux mots

Les mots ne relèvent pas seulement des enseignements de français – avec ses tests d'usage, de vocabulaire, de résumé, de dissertation – ni du talent des écrivains et écrivaines que nous admirons. Les mots sont l'apanage de nombreuses autres disciplines[1].

Traditionnellement, la linguistique décrit les manifestations du langage dans les énoncés verbaux[2]. Une analyse linguistique qui s'intéresserait aux mots pourrait se centrer sur leurs propriétés de sens (*vedette* = « sentinelle de cavalerie » ou « artiste dont le nom occupe sur l'affiche la place la plus apparente » ou « mot placé de façon à attirer l'attention » ou « petit bâtiment de guerre rapide »), leurs propriétés de forme (*vedette* ~ girouette ; /vədɛt/), leur structure interne (*ved.ette*), leur rôle dans des structures plus vastes (« les vedettes veillaient l'arme au bras sur la barricade »), etc. Cette description, qui n'est pas prescription, porte sur les unités que les locuteurs combinent et sur les contraintes qui guident ces combinaisons lors de la production d'énoncés simples – « ah ! » – ou plus complexes – une conversation animée à plusieurs interlocuteurs. Les analyses peuvent concerner une langue donnée à un moment donné, ou bien concerner des propriétés universelles caractérisant toutes les langues, ou bien concerner les changements au cours du temps des structures linguistiques, etc. Ainsi, la linguistique aborde directement les mots comme ses *objets* d'étude.

Ces mots existent avant tout, nous l'avons déjà mentionné, dans l'esprit de celui ou celle qui les produit et les comprend. De cet esprit-là s'occupe la psychologie. La psychologie dite expérimentale dialogue de façon prospère avec la linguistique depuis longtemps, et encore plus depuis les années 1950[3]. Le principal objectif de cette association entre psychologie et linguistique est de décrire l'organisation mentale des connaissances linguistiques. Un concept central à cette approche est celui de *représentation* : les unités de connaissance que l'esprit peut mémoriser, manipuler, transformer, etc. La notion de représentation peut être comprise comme la généralisation du concept plus familier de souvenir, appliqué ici au langage. Connaître une langue c'est « se souvenir », « avoir quelque part en mémoire » un tas de mots et de règles, autrement dit d'en avoir une représentation. Plus en détail, on peut aussi comprendre les représentations comme les différents codes disponibles pour ces connaissances. Un exemple quotidien est celui de la notation des nombres : en toutes lettres (« six »), en chiffres arabes (« 6 »), en chiffres romains (« VI »), etc. Ce sont là différentes représentations connues d'une même connaissance, la quantité concernée : ○ ○ ○ ○ ○ ○.

Les propriétés et règles d'une langue que nous parlons sont de types divers. Il y a bien sûr les caractéristiques des mots que nous avons mémorisés sous forme de représentations. *Table* est un nom commun féminin composé d'une seule syllabe, etc. Les règles grammaticales sont, en termes plus psychologiques, des mémoires procédurales. Les procédures nous permettent de transformer les représentations stockées pour les adapter à leur contexte. De bons exemples sont la conjugaison des verbes, l'accord en genre et en nombre, les contraintes sur l'ordre des mots, etc. Ainsi conçues, les représentations linguistiques et les mémoires procédurales de la grammaire peuvent être reliées à des hypothèses cognitives plus générales, concernant les connaissances et procédures non verbales telles que connaître la taille usuelle d'un vélo, ou savoir s'en servir[4]. Une question centrale pour cette *psycho*linguistique est de déterminer si les concepts et unités postulés dans les théories linguistiques sont effectivement représentés, ou pas, et comment exactement l'esprit les manipule.

Cet esprit dont nous parlons n'est pas « pur esprit », bien sûr. Il ne peut avoir lieu sans un substrat matériel : le cerveau de celui ou celle qui utilise le langage. Du point de vue de la science du cerveau, ou neuroscience, l'étude du langage consiste à faire le lien entre l'immatériel – par exemple, la grammaire – et le matériel – par exemple, l'activité électrique d'une aire cérébrale[5]. L'approche première dans ce domaine repose sur des hypothèses spatiales, où les connaissances ou fonctions linguistiques sont liées à différentes parties du cerveau. La plupart des théories psycholinguistiques distinguent les fonctions grammaticales des noms et des verbes[6]. Ces deux types de mots véhiculent des sens différents et jouent des rôles différents dans les phrases. Est-ce que leur utilisation s'accompagne d'activités neurales dans différentes parties du cerveau ? Ainsi formulée, cette question anatomo-fonctionelle part d'une distinction linguistique pour en trouver le corrélat spatial dans le cerveau. Alternativement, on peut partir d'hypothèses proprement biologiques telles que l'observation, dans certaines aires cérébrales, d'activités électriques qui oscillent dans le temps à certaines fréquences. Des hypothèses peuvent être alors formulées pour lier ces activités à différentes fréquences à des propriétés fréquentielles des sons de parole, propriétés propres à l'activité verbale qui pourront correspondre, de façon plus ou moins directe, aux entités de la linguistique[7].

Idéalement, de tels liens sont établis dans les deux sens et les hypothèses en jeu satisfont à la fois les psychologues, les linguistes, les neurobiologistes[8], etc. Cet objectif est encouragé dans de nombreuses recherches interdisciplinaires menées à travers le monde. Les promouvoir est l'objectif que s'est donné, par exemple, la société savante pour la Neurobiologie du Langage fondée en 2010 aux États-Unis par des scientifiques issus de nombreux pays. Au cours de l'une des conférences annuelles de cette société, un débat animé a eu lieu entre un médecin, éminent chercheur et professeur de neurologie aux États-Unis (professeur Steven Small, MD, PhD) et une docteure en linguistique, éminente chercheuse et directrice d'un grand centre de recherche sur les sciences cognitives et cérébrales en Allemagne (professeur-docteur Angela Friederici). L'un soulignait que si les hypothèses et théories en discussion n'avaient pas un fondement biologique alors le travail, si intéressant soit-il, n'était pas de la neurobiologie du langage. L'autre rétorquait que c'est seulement à partir de fondements linguistiques que l'on pouvait développer une neurobiologie du langage susceptible de rendre compte du langage[9]. Un accord n'a pas pu être trouvé ce jour-là, mais cet aperçu de conversations scientifiques révèle que, même en sachant ce qu'est la neurobiologie et ce qu'est le langage, le cadre conceptuel de la neurobiologie du langage est encore en construction. Il resterait sûrement à définir plus clairement le sens du troisième petit mot passé inaperçu jusqu'ici : « du » !

Les mots de la machine

En informatique aussi il est question de langage. Les langages de programmation occupent une place centrale dans cette discipline[10]. Ils sont le moyen pratique d'interaction entre l'humain – qui programme – et la machine – qui exécute les commandes. Ils constituent aussi un domaine de réflexion théorique sur l'organisation des computations à implémenter pour optimiser la résolution de problèmes divers. Ces langages « formels », construits de toutes pièces, ont eux aussi des unités que l'on peut combiner à l'aide de règles ou d'une syntaxe. Ils sont différents de notre langage naturel en ce qu'ils ne laissent aucune place à l'ambiguïté, un peu comme dans une formule mathématique – autre forme de langage formel, en simplifiant. Afin que l'exécution des commandes puisse aller à son terme prévu, chaque instruction verbalisée doit correspondre à un seul sens : calcul, lecture ou écriture en mémoire, copie, transfert, effacement, etc. Toute ambiguïté ou manquement aux règles du langage formel se traduira par un « plantage » du programme. Un ordinateur ne peut pas être programmé dans notre langage naturel, imprégné d'ambiguïtés. Si nous-mêmes arrivons à communiquer efficacement, la plupart du temps, c'est que nous faisons un usage copieux du contexte pour nous aider à lever les incertitudes. Vouloir parler sans ambiguïtés reviendrait à produire un acte notarié. Les conséquences d'un contexte appauvri sont révélatrices de son importance pour la communication. Les échanges électroniques, courriels et SMS sont souvent rédigés (griffonnés ?) sur un mode oral, mais ils seront lus sans beaucoup des informations contextuelles propres à l'oral. Les malentendus y sont plus fréquents, et nous essayons de les prévenir en recréant du contexte, sans rallonger nos écrits, à l'aide d'émoticônes, acronymes et autres conventions innovantes.

Imaginons pourtant que l'on dicte à voix haute « combien font trois mille cinq cent soixante-dix-sept divisés par quarante-neuf ? »

à un ordinateur, un téléphone ou un assistant domotique connecté. On ne sera pas surpris d'entendre la réponse (« 73 ») après une fraction de seconde. Si on fait de nos jours l'expérience devant des enfants de 10 ans, leur surprise ne viendra pas du fait que l'on puisse parler à une machine mais peut-être plus du fait que la machine divise très très vite, alors qu'eux-mêmes le font encore avec beaucoup de difficulté[11]. Est-ce que cet exemple contredit l'affirmation qu'un ordinateur comprend des langages formels mais pas le langage naturel ? Oui et non. À l'aide des langages formels, l'informatique a pu s'attaquer et résoudre de nombreux problèmes. L'un des plus remarquables est le traitement automatique des langues (pour lequel l'acronyme courant est « TAL »), à savoir, le décodage et recodage par les ordinateurs de langage humain. Aux débuts, le langage humain devait être très adapté à la machine pour espérer des performances raisonnables ; au fil du temps on a réussi à adapter les machines aux humains produisant la parole de plus en plus naturellement. C'est grâce à certains logiciels, écrits en langages formels de programmation et implémentant des opérations mathématiques complexes, que l'ordinateur peut transformer la parole en une série de codes informatiques qui permettent à leur tour d'adresser des informations en mémoire en favorisant la réponse la plus vraisemblablement associée, puis générer un code déclenchant l'exécution d'une réponse par le haut-parleur. Une telle séquence affranchit l'utilisateur du corset des langages formels pour faire exécuter certaines opérations à la machine, mais cela n'implique pas nécessairement que l'ordinateur fasse un usage « naturel » du langage ou qu'il ait compris ce qu'il était en train de décoder ou articuler.

Pendant de nombreuses années, le langage naturel pouvait être cité en exemple des problèmes profondément difficiles pour les machines, et peut-être comme la preuve la plus convaincante de la complexité et sophistication hors pair de notre système neurocognitif humain (« hors pair » au sens où cette sophistication pourrait nous mettre à part, sans parangon, dans la nature[12]). Au vu des performances des grands modèles de langage développées en informatique, cela n'est plus aussi simple. Comprendre les similarités et différences entre le traitement automatique des langues et son traitement dans l'esprit et le cerveau d'un humain, ou même les similarités et différences avec les descriptions des théories linguistiques sont des problèmes qui restent ouverts en science, et en science-fiction[13].

CHAPITRE 2

Mesurer les mots

Pour étudier le fonctionnement du langage, nous avons besoin de mesures expérimentales. Cela demande de fixer de façon durable les événements verbaux, depuis les mouvements d'articulation ou d'écriture jusqu'aux paroles ou aux activités cérébrales.

Les traces du langage

Scripta manent, « les écrits restent ». Depuis plusieurs millénaires, l'écriture permet de fixer les paroles pour longtemps. Les plus anciennes traces écrites de l'humanité sont usuellement situées en Mésopotamie. Des tablettes portant des inscriptions cunéiformes y ont été retrouvées et datées de quelque 5 000 ans[1]. Seulement, il pourrait exister plusieurs « plus anciennes traces écrites de l'humanité ». Outre les technicités liées à la datation et la prudence nécessaire pour la comparaison d'artefacts trouvés sur des sites distants, il faut s'entendre sur la définition retenue pour la notion d'écriture. Qu'est-ce qui doit être inscrit pour que l'on puisse proprement parler d'écriture ? Strictement, l'écriture est l'inscription matérielle des paroles, plus généralement du langage. Elle s'oppose à l'inscription matérielle d'objets qui englobe, en simplifiant, le dessin figuratif

– par exemple un taureau pariétal – ou symbolique – par exemple le sceau d'une autorité.

Lorsqu'elle a eu lieu, l'invention de l'écriture a facilité le commerce, l'application des lois, ou le souvenir des épopées. Elle a aussi constitué un premier jalon vers l'étude scientifique du langage. Fixer le langage permet de le matérialiser et donc de le mesurer. Ces mesures sont nécessaires pour contraster empiriquement les prédictions issues de différentes théories décrivant comment le langage est organisé, produit, compris, perturbé.

Pour ces théories, l'analyse des artefacts archéologiques porteurs d'inscriptions n'est pas très informative. Cette analyse peut nous renseigner sur le contexte dans lequel les inscriptions ont été produites, par exemple la technique et les gestes employés, ou bien l'usage et la motivation qu'elles servaient. Ces interprétations peuvent contribuer à distinguer ce qui est proprement écriture des autres types d'inscriptions. Mais l'analyse de ces reliques ne révèle que très peu – si quelque chose – des processus mentaux qui ont guidé leur production. Que pouvons-nous savoir sur l'organisation de la pensée des anciens scribes ou sur la façon dont leurs idées s'associaient au moment où elles venaient à être inscrites dans la matière ? Pas grand-chose. Nous ignorons encore plus ce qui se passait dans le cerveau des usagers lorsqu'ils prenaient connaissance des objets ainsi créés[2].

Verba volant, « les paroles s'envolent ». Cela a longtemps été vrai. C'est seulement depuis le milieu du XIXe siècle que les *verba etiam manent*, autrement dit que les paroles peuvent *rester* elles aussi. Contrairement à l'écriture, il n'existe qu'un seul plus ancien enregistrement de la voix humaine. Nous le devons à l'ingéniosité d'Édouard-Léon Scott de Martinville, typographe et sténographe parisien d'origines bretonne et écossaise.

La sténographie est une technique qui permet de transcrire manuellement la parole sur papier aussi vite qu'elle est produite. Scott de Martinville cherche à améliorer la sténographie de son époque, en particulier à rendre le procédé de notation mécanique et automatique. Il exprime avec clarté ses motivations dans un pli cacheté déposé à l'Académie des sciences en 1857. Ce n'est que justice de lui *donner la parole* :

> Y a-t-il possibilité d'arriver, en ce qui concerne le son, à un résultat analogue à celui atteint dès à présent pour la lumière par les procédés photographiques ? Peut-on espérer que le jour est proche où la phrase musicale échappée des lèvres du chanteur viendra s'écrire d'elle-même sur un papier docile et laisser la trace impérissable de ces fugitives mélodies que la mémoire ne retrouve plus alors qu'elle les cherche ? Pourra-t-on, entre deux hommes réunis dans un cabinet silencieux, faire intervenir un sténographe automatique qui conserve l'entretien dans ses plus minutieux détails, tout en s'accommodant à la vitesse de la conversation ? Pourra-t-on conserver à la génération future quelques traits de la diction d'un de ces acteurs éminents, de ces grands artistes qui meurent sans laisser après eux la plus faible trace de leur génie* ?

À toutes ces questions rhétoriques formulées dans une prose émouvante, Scott de Martinville répond « oui ». Le principe du « phonautographe », cette « oreille artificielle » qu'il a mise au point, est assez simple. Un cornet est ouvert d'un côté et fermé de l'autre côté par une membrane flexible à laquelle est attaché un stylet. Les sons produits à proximité du cornet font vibrer la membrane qui déplace à son tour le stylet. Le stylet est en contact avec une bande de papier préalablement passée au noir de fumée. Les vibrations du stylet laissent une trace sur le papier qui défile. Cette trace contient, sommairement, l'évolution temporelle des variations d'intensité sonore. C'est là, potentiellement, toute l'information nécessaire pour retranscrire la parole enregistrée.

« Potentiellement » mais aussi « véritablement », puisque des travaux très récents ont pu reconstruire quelques-uns des sons ainsi

---

* Le mémoire d'Édouard-Léon Scott de Martinville est joliment intitulé *Le Problème de la parole s'écrivant d'elle-même* (Scott de Martinville, 1878).

gravés, parmi lesquels un *Au clair de la lune* chanté par Scott de Martinville lui-même. Si cette reproduction est désormais possible, il semble pourtant qu'à l'époque Scott de Martinville ait été plus intéressé par la possibilité de lire visuellement ces traces, comme on le ferait avec un texte sténographié, que par celle de les utiliser pour reproduire acoustiquement les sons enregistrés. Ce deuxième objectif sera atteint par Thomas Edison vingt ans plus tard, en 1877, avec le phonographe qui lui apportera, à lui, fortune et célébrité[3].

Au même titre que les tablettes mésopotamiennes, les fines gravures sur la fumée de Scott de Martinville constituent des artefacts fascinants d'ingéniosité. Ces artefacts restent pourtant aussi silencieux sur les processus mentaux ayant permis à Scott de chanter les paroles d'*Au clair de la lune*, dont les vibrations sont passées à la postérité. De nos jours, nous pouvons enregistrer et transmettre la voix humaine presque partout avec une grande fidélité et à moindre coût. D'autres technologies au développement plus récent permettent de faire la même chose avec l'écriture en enregistrant sur une tablette – électronique cette fois – tous les paramètres physiques de l'exécution motrice : contenu, vitesses, trajectoires, pauses, etc. Nous pouvons aussi mesurer différentes formes d'activité physiologique dans le cerveau aux moments mêmes où le langage est en cours d'utilisation, avec une régularité de l'ordre du millimètre ou de la milliseconde.

Toutes ces mesures sont exquises mais par elles-mêmes insuffisantes. Ce qui leur manque, c'est un raisonnement explicite qui nous permette d'inférer, à partir des mesures, le fonctionnement langagier. Notre propos est en effet de comprendre la machinerie qui génère la production ou la compréhension de mots, de phrases, etc. Quelles opérations cognitives et quelles activités cérébrales rendent cela possible ? En ces termes, la cognition du langage doit être comprise comme un *problème inverse*, « inverse » car nos raisonnements devront aller en sens inverse de la génération naturelle du comportement. Nous mesurerons différents types de performances, dans différentes unités physiques, pour en inférer des propriétés ou des variables latentes que nous appellerons « processus cognitifs » et qui auront rarement des unités physiques. Ces processus constituent le modèle, l'explication en somme, de la façon dont le langage et les mots sont manipulés par celles et ceux qui s'en servent.

La vitesse de la pensée

Une difficulté majeure pour décortiquer le fonctionnement du langage vient de la vitesse avec laquelle il se produit. Dans la plupart des situations courantes, les pensées qui orchestrent les mots dans notre esprit sont très rapides, au point qu'elles ont longtemps paru instantanées. Au milieu du XIXe siècle, Alexandre Dumas faisait dire à un personnage :

> Tenez, monsieur de Villefort, voici un poison qui n'a pas d'antidote connu, prompt comme la pensée, rapide comme l'éclair, mortel comme la foudre[4].

Concevoir la pensée comme archétype de la célérité, comme un phénomène infiniment rapide, ne laissait que peu de place à une exploration scientifique. Il s'avère pourtant que penser prend du temps et que ce temps-là est mesurable, notamment lors de la compréhension et de la production de langage.

À peu près au même moment qu'Alexandre Dumas donnait son *Comte de Monte-Cristo* à Paris, vers 1845, Hermann von Helmholtz commençait à Königsberg des mesures de la propagation de l'influx nerveux, qu'il publiera en 1850. À l'aide d'une préparation de cuisse de grenouille donnant accès au nerf sciatique, il a pu stimuler le nerf à une extrémité et à l'autre extrémité observer la contraction du muscle ainsi déclenchée. Un dispositif électromécanique permettait de mesurer le temps séparant ces deux événements, temps très court mais pas nul. En tenant compte de la distance de quelques centimètres parcourue le long de ce nerf, von Helmholtz estime la vitesse de l'influx nerveux autour de 30 mètres par seconde. C'est à peu près 110 kilomètres par heure, la vitesse d'une voiture sur une autoroute[5].

Ces observations sont historiques et marquent le premier pas vers la mesure de la vitesse de la pensée. Mais l'influx nerveux qui circule dans une cuisse est une forme bien sommaire de pensée, peut-être plus justement un réflexe qu'une pensée. La véritable percée théorique et sa validation expérimentale vont venir quelques années plus tard d'un ophtalmologue néerlandais, professeur de physiologie à Utrecht.

Franciscus Cornelius Donders a une intuition simple qui va se révéler très efficace et, avec le temps, devenir quasi incontournable. Donders écrit en 1868 :

> L'idée m'est venue d'intercaler dans le processus du temps physiologique quelque nouvelle composante de l'action mentale. Si je déterminais de combien cela allongeait le temps physiologique, cela révélerait, à mon avis, le temps nécessaire pour le terme interposé.

Le « temps physiologique » est celui mesuré par von Helmoltz ci-dessus, schématiquement le temps de conduction nerveuse pour aller depuis le centre de commande (le système nerveux central) vers les effecteurs (les muscles) ou depuis les organes sensoriels (par exemple l'oreille interne) jusqu'au système nerveux central. L'« action mentale » désigne ici la pensée ou, en termes plus actuels, les processus cognitifs. Donders propose donc d'ajouter des processus cognitifs aux processus sensori-moteurs pour mesurer des effets sur les temps de réaction. Cette idée tient son efficacité des observations empiriques qu'elle va susciter. En effet, le temps varie systématiquement selon l'action mentale requise. Avec quelques hypothèses supplémentaires on peut donc indexer les durées mesurées aux actions mentales présumées[6].

Donders a conçu ses expériences avec du matériel verbal dont il va mesurer la vitesse de reconnaissance et de production.

Le phonotaugraphe de Scott de Martinville décrit avant ne permettait pas de mesurer des durées. Le stylet laisse sa trace sur le papier qui se déroule mais la vitesse de déroulement du papier n'était pas contrôlée précisément. L'appareil utilisé par Donders coenregistre le stylet qui vibre au son de la voix avec un stylet de diapason qui vibre à une fréquence connue. De cette façon, même si la vitesse de défilement de la feuille de papier est irrégulière, la forme et les déformations de l'oscillation régulière du diapason permettent de retrouver la durée exacte de chaque événement de parole. La précision de ces mesures est étonnamment élevée. Un diapason vibrant à 220 hertz sur un papier glissant assez rapidement permettra des mesures à un demi-centième de seconde près.

Avec cet équipement, Donders réalise une série d'expériences en invitant plusieurs personnes de son entourage, notamment sa propre fille, à participer. Dans la première condition expérimentale, dite condition A, l'expérimentateur choisissait une syllabe unique pour l'expérience. L'expérimentateur prononçait à voix haute la syllabe (par exemple « ki ») et la participante devait la répéter le plus vite possible (« ki »), cet exercice étant répété une vingtaine de fois. Les deux syllabes produites successivement par l'expérimentateur et la participante laissaient leurs traces sur le papier. Le temps de réponse mesuré correspondait à la durée séparant le début de la prononciation par l'expérimentateur du début de la prononciation de la participante. Dans une deuxième condition, dite condition B, cinq syllabes entraient en jeu (par exemple, « ki », « ka », « ké », « kou », « ko »). L'expérimentateur en prononçait une et la participante la répétait, puis cet exercice était repris avec une autre syllabe, etc.

Les conditions A et B diffèrent par les actions mentales qu'elles requièrent. La condition A, où la participante connaît la syllabe à l'avance, requiert la détection de la parole de l'expérimentateur. Cette détection peut déclencher la production de la réponse que l'on tient toute prête. Dans la condition B, où la syllabe n'est pas connue à l'avance, il ne suffit pas de *détecter* qu'une syllabe a été produite. La participante doit en plus *identifier* de quelle syllabe il s'agit et *sélectionner* le bon programme moteur pour l'articuler à son tour.

L'observation expérimentale est que les réponses sont plus lentes en condition B qu'en condition A. Si l'on s'en tient aux temps de réponse propres à une seule syllabe – la syllabe « ki », seule possible en condition A et une parmi cinq en condition B – alors les propriétés acoustiques, perceptives et motrices de la syllabe sont les mêmes dans les deux conditions A et B puisque la même syllabe est impliquée. Les temps de sensation et de réponse sont considérés comme identiques. Le délai supplémentaire en condition B peut donc être attribué aux opérations mentales d'identification et de sélection de réponse. Donders isole ainsi deux processus cognitifs sous-tendant la perception et la production de parole.

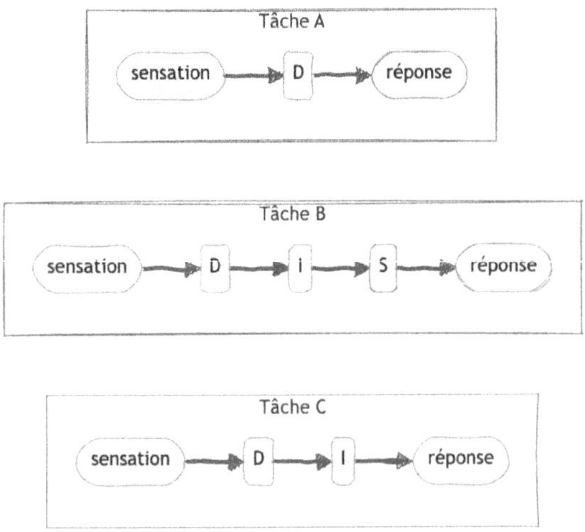

Figure 2. La logique additive de F. C. Donders. Le temps s'écoule de gauche à droite. La réalisation de la tâche commence par des processus sensoriels (« sensation », à gauche) et finit par des processus moteurs (« réponse », à droite). Entre sensation et réponse, le temps mental est divisé de façon séquentielle en détection (D), identification (I) et sélection (S). Les trois variantes de la tâche - A, B ou C - engagent différentes étapes de l'action mentale.

Pour distinguer plus avant le processus d'identification du processus de sélection de réponse, Donders inclut dans certaines expériences une troisième condition. Dans cette condition, dite condition C, l'expérimentateur produit une syllabe parmi cinq (par exemple « ki », « ka », « ké », « kou », « ko »), mais la participante ne répète que l'une d'entre elles (« ki »). Elle doit donc détecter et identifier le stimulus parmi les cinq, mais elle n'a pas à sélectionner à chaque fois le programme moteur pour répondre, puisqu'elle peut tenir sa réponse toute prête (« ki ») à l'avance. Donders observe que C est plus lent que A mais plus rapide que B, autrement dit :

$$A < C < B$$

Les différences de temps entres conditions sont très petites. A est 36 millisecondes plus rapide que C ; C est 47 millisecondes plus rapide que B. Ces observations, de l'ordre de quelques centièmes de seconde, révèlent que la pensée verbale va effectivement très très vite dans ce genre de situation simple. Elles révèlent aussi qu'il y a des différences systématiques entre conditions et donc que nous pouvons mesurer la durée des actions mentales.

L'échelonnement $A < C < B$ suggère à Donders qu'il a réussi à séparer la durée de l'identification verbale (comparaison C – A) de la durée du processus de sélection verbale (B – C). Les mesures matérialisent ainsi les processus cognitifs d'identification de syllabes et de sélection de réponses verbales qui, sans cela, ne seraient que des propositions théoriques plutôt abstraites.

De telles conclusions paraissent aujourd'hui un peu hâtives, en raison de notre vision plus élaborée des processus de choix et en raison surtout de l'hypothèse sous-jacente forte d'un enchaînement strictement séquentiel des opérations mentales. Pour autant, des expériences sont encore menées pour préciser la nature des opérations mentales, inspirées par les conditions A, B et C ou, plus généralement, par les raisonnements indirectement additifs et soustractifs de Donders en 1868[7].

Quelques années plus tard, vers 1885, James McKeen Cattell passe de la syllabe aux « temps qu'il faut pour observer et nommer un objet ». Cattell deviendra avec le temps le premier professeur de psychologie des États-Unis. Avant cela, il met au point son principal outil d'expérimentation dans le laboratoire de Wilhelm Wundt à Leipzig, en Allemagne, laboratoire qui est considéré comme le premier centre de recherche en psychologie expérimentale. Le nom de cet outil est « tachistoscope chronométrique ». C'est une sorte d'ancêtre du carrousel à diapositives. La diapositive est un stimulus visuel, par exemple le dessin d'un objet, qui est caché derrière une feuille de métal. Un système de poids relâché à l'aide d'un électroaimant va déplacer très vite la feuille de métal qui laissera ainsi voir le stimulus pendant un temps bref, contrôlé par des paramètres du poids et des poulies. Il existe plusieurs solutions techniques à cette fonction de présentation (très) rapide et contrôlée. Dans tous les cas, l'impulsion électrique de l'électroaimant permet d'enregistrer le moment exact où le stimulus est devenu visible. Ce moment marque le début du temps mental. Ce temps se prolonge jusqu'au moment où la réponse verbale est donnée, par exemple le nom de l'objet prononcé à voix haute. Contrairement à Donders, Cattell n'enregistre pas systématiquement la voix. La personne qui observe les images et les dénomme à voix haute tient entre ses lèvres une « clef labiale », un dispositif électromécanique qui détecte le mouvement des lèvres nécessaire à la parole et envoie un courant qui arrête le chronomètre[8].

À l'aide de ce dispositif, Cattell compare directement le temps nécessaire à la production d'un mot en réponse à une couleur au temps nécessaire à la lecture du nom de la couleur écrit en toutes lettres. Dans ses mesures, nommer la couleur prend à peu près le double du temps nécessaire à la lecture. Pourtant, lorsqu'il s'agit simplement de reconnaître ces mêmes stimuli sans parler, en répondant à l'aide d'un bouton à presser, les réponses aux couleurs peuvent être plus courtes que celles données aux mots. Des résultats comparables ont été observés dans des expériences où les couleurs étaient remplacées par des dessins d'objets. La conclusion générale est que l'accès au nom des choses reconnues demande une opération mentale volontaire ; dans la lecture, l'opération équivalente est plus rapide et, vraisemblablement, beaucoup plus automatisée. Cette conclusion sera confortée par d'autres travaux classiques où sont présentés simultanément le mot écrit (par exemple *bleu*) et la couleur (par exemple, le rouge de l'encre utilisée pour écrire *bleu*) afin de mettre en concurrence les deux réponses possibles[9].

Les recherches visant à comprendre comment on passe d'un stimulus visuel, mot ou objet, à une réponse verbale sont promises à un bel avenir. Ce comportement simple cache en effet de nombreux processus cognitifs dont les mécanismes se révèlent difficiles à établir. Dans les années 1960, on observe que plus un objet nous est familier, plus court est le temps nécessaire à retrouver son nom en mémoire. De cette observation, nous pouvons inférer que les mots sont stockés dans l'esprit en fonction de l'usage que l'on en fait[10].

Au fil des décennies, la recherche expérimentale sur le langage a évolué au rythme des développements technologiques. On estime que le tachistoscope chronométrique a été utilisé régulièrement dans les laboratoires jusque vers les années 1980. Une rupture est survenue à l'avènement de l'ordinateur personnel avec des écrans, puis des cartes graphiques ou des cartes audio permettant de faire de façon systématique des mesures au millième de seconde près. Les expériences peuvent maintenant être réalisées à la maison, sur un navigateur Internet, ou n'importe où sur un smartphone[11]. Le dernier développement en date est l'introduction en laboratoire du casque de réalité virtuelle permettant de suivre, avec une précision accrue, la prise d'information visuelle dans un monde virtuel et entièrement contrôlé[12].

L'activité du cerveau

Les temps de réponse observés dans diverses tâches expérimentales sont, depuis ces travaux pionniers, une des principales mesures utilisées en psychologie cognitive du langage, et en psychologie cognitive tout court. Même l'avènement révolutionnaire de l'imagerie cérébrale n'a pas remis en question ou remplacé les informations que l'on extrait de cette chronométrie mentale. La technologie permettant de mesurer l'activité cérébrale peut paraître beaucoup plus avancée que celle permettant de mesurer des temps de réponse (elle l'est), mais ce serait une erreur de les hiérarchiser ou opposer. Ces deux perspectives sur la vie mentale et cérébrale sont complémentaires. D'ailleurs, nombre de recherches étudiant le langage grâce à l'imagerie cérébrale ont été construites en partant de la logique soustractive développée par Donders, même si celle-ci a montré ses limites dans ce contexte[13].

En termes généraux, l'activité cérébrale repose sur la circulation d'ions à l'intérieur des neurones, un mouvement qui génère des variations locales du champ électrique. Ce champ peut être mesuré et interprété comme un reflet de la quantité d'activité neuronale en cours. Ainsi, on peut mesurer l'activité électrique d'un neurone, de plusieurs neurones, de grands ensembles de neurones, etc. On peut faire ces mesures « sur place », au contact de la cellule, ou bien à courte distance dans les structures cérébrales elles-mêmes, ou bien à plus grande distance à la surface du scalp. Cette dernière approche, de loin la plus fréquente, est appelée « électroencéphalogramme », avec ou sans tiret selon les ouvrages, et usuellement désignée par son sigle EEG.

Les EEG sont mesurés depuis le milieu des années 1920, à la suite des travaux pionniers du psychiatre allemand Hans Berger[14]. Quelque quarante ans après cette première description des ondes cérébrales, vers la fin des années 1960, apparaîtront les premiers travaux utilisant l'activité EEG pour explorer le fonctionnement du langage. L'engagement d'un traitement verbal nécessite la modulation de l'activité de certains neurones. Si ces neurones sont suffisamment nombreux et qu'ils s'activent de manière suffisamment cohérente, cette variation pourra être mesurée à l'extérieur du crâne.

Les questions posées initialement dans ce contexte étaient assez simples. Peut-on détecter des différences entre l'activité cérébrale induite par le traitement d'informations verbales – par exemple, des mots écrits ou bien de la parole – et celle induite par des informations non verbales – par exemple, des pseudo-lettres ou bien un bruit variable dans le temps ? Pour que cette question soit bien posée expérimentalement il faut que les propriétés physiques des stimuli verbaux et non verbaux soient très similaires ou identiques. Les lettres et les pseudo-lettres comparées dans l'expérience doivent avoir la même complexité de forme et le même nombre de pixels ; si l'on compare de la parole et des bruits, leurs volumes, fréquences, complexités spectrales, etc. doivent être similaires. Ainsi, les différences éventuellement observées ne pourront pas être attribuées à des différences purement sensorielles mais seront liées au traitement de ce que les stimuli représentent. Dans ces conditions, on a observé que les stimuli verbaux et non verbaux induisent des activités différentes, ce qui a établi la sensibilité de la mesure d'EEG au traitement du langage[15].

Les résultats des premières expériences indiquent que les différences entre stimuli verbaux et non verbaux étaient plus fortes, en gros, dans l'hémisphère gauche que dans le droit, et que cette différence était particulièrement visible entre un et deux dixièmes de seconde après la présentation des stimuli. Ces formulations illustrent deux propriétés contrastées de l'EEG : ses signaux sont mal localisés dans l'espace mais très bien dans le temps. Lorsque les champs électriques se projettent à l'extérieur du cerveau, ils subissent des déformations par les tissus qu'ils traversent : les méninges, le crâne, la peau. Ces déformations peuvent être comparées aux déformations produites par une vitre translucide de salle de bains. On aperçoit des formes vagues et des couleurs à l'extérieur mais il est difficile d'identifier les objets correspondants et la position exacte de leurs détails. Cependant, si l'une des formes bouge, par exemple un véhicule en mouvement (on regarde depuis la salle de bains vers l'extérieur), nous percevons les changements aussitôt qu'ils se produisent. Ainsi, ces méthodes dites neurophysiologiques nous fournissent une vision des activités cérébrales relativement floue dans l'espace mais relativement précise dans le temps. Cette précision temporelle est importante au vu de la vitesse du langage : nous prononçons ou comprenons plusieurs syllabes par seconde.

Une meilleure précision spatiale peut être obtenue si l'on mesure le champ magnétique cérébral, dont les variations accompagnent nécessairement les changements de champ électrique. Le champ magnétique est en effet moins diffusé lors de sa propagation à travers les tissus, comme si la vitre translucide était moins déformante. Le prix à payer est important toutefois, car le signal magnétique est plus faible que le signal électrique. Pour cette raison, l'appareillage nécessaire à cette « magnéto-encéphalographie » (avec ou sans tiret) est beaucoup plus complexe et le recueil des données plus onéreux[16].

La question spatiale, celle de savoir *où* dans le cerveau se passe le langage, est l'une de celles qui sont le plus souvent posées aux scientifiques. Pour répondre à ce « où ? », il faut plutôt se tourner vers d'autres mesures. L'imagerie cérébrale fournit des images millimétriques des structures cérébrales et des images presque aussi précises des activités qui s'y déroulent. La plus répandue est assurément l'imagerie par résonance magnétique, ou IRM. L'IRM fonctionnelle permet de circonscrire les tissus cérébraux impliqués dans différentes formes d'activités verbales. Une expérience de facture classique consiste à comparer deux conditions expérimentales qui ne diffèrent, en théorie, que par un traitement cérébral hypothétique – une « action mentale » de F. C. Donders. Par exemple, on peut construire une tâche expérimentale dans laquelle les participants et participantes voient des mots (disons, « marteau »). Dans une condition expérimentale, les mots doivent être lus à voix haute (« *marteau* ») ; dans la deuxième condition il ne faut pas lire mais trouver et dire à voix haute un mot associé par son sens au mot présenté (disons, « *taper* »). Le contraste entre ces deux conditions ne mettra en relief ni la perception visuelle du mot ni l'articulation de la réponse qui sont communes aux deux conditions. Ce contraste soulignera les activités cérébrales liées aux processus de compréhension du sens du mot, beaucoup plus présentes dans la deuxième condition que dans la première. Les travaux actuels délaissent ces contrastes binaires – cette logique d'ajouter ou soustraire un processus – au profit d'approches plus sophistiquées. Celles-ci sont souvent centrées sur les propriétés physiques ou verbales du matériel linguistique, dont on cherche des corrélations multivariées dans le signal cérébral[17].

Bien sûr, les activités cérébrales et leurs variations ne constituent pas, en un sens simple, des activités linguistiques. Nous lions les deux grâce à une ou plusieurs hypothèses explicites, comme nous l'avons fait rapidement ci-dessus en discutant les interprétations des syllabes produites par la fille du docteur Donders. Dans le cas de l'EEG, ces hypothèses sont formulées en termes principalement temporels. À quel moment se produit telle opération mentale ? Est-ce avant ou après une autre opération mentale ? Quelle intensité, quelle fréquence d'activité cérébrale est modulée par l'activité verbale ? Etc.

Dans le cas de l'imagerie par résonance magnétique, les hypothèses sont principalement d'ordre spatial. Elles indexent l'augmentation d'activité dans une parcelle ou réseau cérébral à la présence d'un processus cognitif particulier, déterminé par les conditions expérimentales. D'ailleurs, l'imagerie cérébrale fonctionnelle par résonance magnétique ne mesure pas l'activité des neurones.

Elle mesure des variations métaboliques secondaires à l'activité des neurones, précisément des variations de la présence d'oxygène dans le sang. La chaîne de raisonnement est en réalité plus élaborée. On conçoit que la réalisation d'un processus mental nécessite une activité neuronale dont le déclenchement demande de l'énergie et augmente la consommation d'oxygène, ce qui entraîne des réactions mesurables dans le signal. Et l'on parcourt le raisonnement en sens inverse lorsque l'on interprète les mesures faites dans le scanner[18].

La mesure de l'activité cérébrale liée au traitement du langage a ouvert une porte qui donne sur un vaste territoire à cartographier. D'autres expériences fondatrices établiront que le signal EEG est sensible à des dimensions plus abstraites du langage, comme le sens des mots ou la correction grammaticale de phrases plus ou moins bien formulées[19]. Les découvertes successives ont permis de poser des questions de plus en plus aiguisées, afin de discriminer des hypothèses de plus en plus sophistiquées. Le résultat est une construction théorique faite d'hypothèses liant des propriétés détaillées de l'activité cérébrale à des aspects précis de l'activité linguistique.

Le réseau cérébral du langage n'est pas focalisé dans une région particulière, il est assez étendu. Chez la très grande majorité des droitiers et chez beaucoup de gauchers, il concerne plus l'hémisphère gauche que l'hémisphère droit. Au sein de ces hémisphères, les activités sont le plus souvent enregistrées dans des régions du lobe frontal (derrière le front), le lobe temporal (derrière les tempes) et le lobe pariétal (au-dessus, un peu en arrière des tempes). Par exemple, si l'on écoute quelqu'un parler, les activités corticales commenceront sur les parties supérieures du lobe temporal, des deux côtés, dans des aires qui sont particulièrement sensibles aux sons perçus. De ce cortex « auditif », l'activité se propagera en avant et vers le bas, en général plus loin dans l'hémisphère gauche. Cette activité sera différente selon le type de stimulus entendu – par exemple, une langue connue ou pas – ou ce que l'on nous demande d'en faire. Si l'on doit se focaliser sur la compréhension de ce qui est dit, l'activité cérébrale se propagera plus intensément au sein du lobe temporal ; si on doit se focaliser sur le fait de répéter ce qui est dit, l'activité se propagera plus intensément vers le lobe pariétal puis frontal[20], etc. Ce réseau fonctionne très bien la plupart du temps, tout au long de la vie ; mais son efficacité peut être sévèrement compromise par certains incidents cérébraux.

Les recherches actuelles

Ainsi, pour comprendre l'esprit des mots il nous faut réaliser des *expériences* avec les mots. À quoi ressemble de nos jours une telle expérience ? Il nous faut d'abord décrire la population d'intérêt et les raisons pour lesquelles on s'y intéresse : locuteurs sains, bilingues, patients ayant souffert d'un accident vasculaire cérébral, enfants bien portants ou dyslexiques, etc. Il nous faut délimiter la question linguistique posée puis articuler les hypothèses que nous souhaitons tester.

Ces hypothèses seront opérationnalisées dans une situation concrète d'utilisation du langage. Celle-ci peut être très contrôlée, comme écouter des mots présentés un par un dans des écouteurs, dans une salle silencieuse. Pour déclencher les comportements d'intérêt, il nous faut fabriquer ou sélectionner du matériel verbal, une activité qui n'est pas sans rappeler certains exercices sous contrainte de l'Ouvroir de littérature potentielle, l'Oulipo : par exemple, choisir des noms communs fréquents, de deux ou trois syllabes, commençant par une voyelle ou par une consonne, rangés du plus concret au moins concret. Dans d'autres recherches, la situation expérimentale peut être bien plus naturelle, comme demander de décrire un événement récent à voix haute ou par écrit, écouter un podcast ou lire un roman, entretenir une conversation sur un sujet proposé, etc. Dans tous les cas, nous aurons besoin d'une mesure empirique, choisie parmi celles décrites ici, ou parmi d'autres.

Si les différentes conditions expérimentales indexent suffisamment bien les différentes hypothèses que nous testons, les résultats vont contraindre – et donc faire avancer – notre compréhension du traitement linguistique. Pourtant, les premières connaissances sur le fonctionnement du langage ne sont pas venues d'expériences finement ciselées. Elles ont émergé de phénomènes remarquables qui se sont imposés à quelques observateurs attentifs. Parmi ces phénomènes, les plus frappants sont les pathologies du langage.

CHAPITRE 3

Le manque du mot

Le fonctionnement fluide du langage peut dérailler en cas d'atteinte à son substrat organique, le cerveau. Les pathologies affectant le langage révèlent des déficits structurés, étudiés de manière collaborative en recherche clinique et fondamentale.

Mots et phrases, victimes d'un accident

« VITE ! » C'est la formule utilisée par des campagnes de prévention des risques liés aux accidents vasculaires cérébraux, ou AVC. « VITE ! » alerte sur l'urgence de la situation, mais c'est aussi un acronyme qui précise :

V pour « Visage paralysé ».
I pour « Impossible de bouger un membre ».
T pour « Trouble de la parole ».
E pour « Extrême urgence, appelez le 112 (numéro européen de secours) ».

En présence d'une ou l'autre ou plusieurs de ces difficultés, il faut en effet réagir très vite, comme le rappelaient les affiches d'une campagne nationale de sensibilisation.

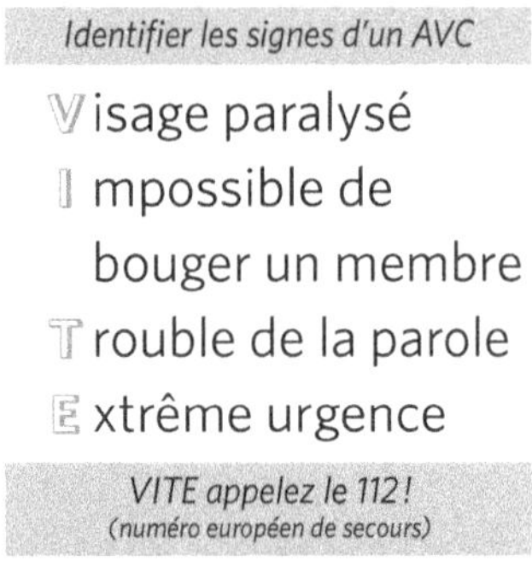

Figure 3. Diverses campagnes de prévention insistent sur l'urgence d'agir vite en cas de symptômes de l'accident vasculaire cérébral (AVC).
(Figure inspirée par les affiches de ces campagnes.)

Les deux premiers signes cliniques, la paralysie du visage ou celle d'un membre, concernent le système moteur. L'AVC peut empêcher que des commandes motrices ne soient construites ou transmises du cerveau à différents muscles du visage, des bras ou des jambes, empêchant ainsi leurs mouvements. Dans le troisième signe clinique, il est question de trouble de la parole. Est-ce que de la même façon, l'AVC affecte les mouvements d'articulation ? Pas nécessairement. « Parole » peut être compris ici dans un sens large tant sont diverses les conséquences que les AVC peuvent avoir sur la capacité à utiliser le langage[1].

Le fait que des troubles soudains et divers du langage fassent partie des signaux d'alerte primordiaux de l'AVC constitue une des meilleures illustrations de la relation étroite qui lie le langage à son substrat organique. Cela montre aussi la fragilité de l'édifice sur lequel repose notre fonctionnement verbal. Une lésion relativement petite, un dysfonctionnement localisé ou quelques connexions mal organisées entraîneront des conséquences majeures sur le quotidien des patients ; la capacité intime de parler, de lire ou de comprendre son entourage sera compromise de façon durable[2].

Les neurologues prennent en charge ces patients, de concert avec les orthophonistes. Le traitement du problème organique cherchera à rétablir le flux sanguin interrompu autour de l'ischémie, éventuellement à retirer les caillots sanguins ou résorber l'hématome, à soutenir diverses fonctions vitales (respiration, déglutition, etc.). Le traitement du problème fonctionnel consistera en des protocoles de rééducation orthophonique visant à renforcer certaines compétences perturbées, à comprendre la nature du déficit pour moins subir les troubles, ou à modifier les stratégies quotidiennes de communication[3].

Cette prise en charge bénéficie du dialogue existant entre cliniciens et scientifiques, qui sont parfois la même personne. Dans ce contexte, il est courant de proposer aux personnes souffrant d'une aphasie à la suite d'un AVC, ou d'autres atteintes au cerveau, de participer à des protocoles de recherche clinique ou expérimentale. La plupart de ces protocoles n'apportent pas de bénéfice direct pour les personnes impliquées – qui sont tout de même très souvent volontaires. Les observations et découvertes sont combinées pour mieux comprendre et remédier aux troubles du langage.

L'un des symptômes les plus fréquents suivant un AVC est le manque du mot. Il arrive à tout le monde qu'un mot résiste en mémoire quelques secondes ou quelques minutes, mais rarement plus. Ces difficultés surviennent généralement sur des mots rares ou peu usités – inclus les noms de personnes que nous ne nommons pas souvent. Nous désignons cela, en français et dans de très nombreuses langues, par l'expression du « mot sur le bout de la langue[4] ». Ce désagrément occasionnel – sans gravité – peut devenir une difficulté chronique chez une personne ayant souffert d'un AVC. Les difficultés concernent alors des mots fréquents, dans des conversations quotidiennes, et elles ne se résolvent pas facilement même après des efforts de concentration. Ce déficit déjà pénalisant peut être considérablement aggravé par des facteurs tels que le stress ou la fatigue. Le phénomène est quantifié en clinique et en laboratoire. Dans des conditions calmes, on utilise la simple tâche expérimentale de nommer des dessins clairs et explicites : une guitare, un tournevis, une libellule, etc. Lorsqu'un mot vient à manquer, d'autres réponses peuvent être produites : le mutisme, une périphrase à la recherche du mot (« un instrument… pour le rock et le classique… »), des gestes expliquant bien la fonction de l'objet qui n'est pourtant pas nommé, des réponses très proches mais inappropriées (« violon »)[5], etc.

Dans d'autres cas cliniques, les problèmes ne se situent pas dans le choix des mots, mais dans celui des éléments qui les composent. Ces difficultés peuvent s'apparenter à des problèmes de prononciation ou d'élocution lorsqu'elles affectent les phonèmes, c'est-à-dire la connaissance que le patient a des sons de la langue et de leur utilisation. Par exemple, en entendant une personne ayant souffert d'un AVC dire « écurieill », « courtette », « caparace », on pourra reconnaître les mots *écureuil*, *courgette* et *carapace* produits avec la modification d'un ou plusieurs de leurs phonèmes. La perturbation de la communication a ici des origines et des conséquences différentes que dans le cas du manque du mot.

En plus de perturber le choix des mots et de leurs composants phonologiques, l'AVC peut affecter le rôle joué par les mots dans la compréhension des phrases. Pour comprendre « l'enfant mange le sandwich », nous pouvons nous baser sur plusieurs indices. La connaissance que nous avons de ce que sont un enfant, un sandwich et l'action de manger nous permet d'identifier le sujet qui effectue l'action et l'objet qui la subit. Cela pourrait être fait sans même prêter attention aux détails de la phrase tels que l'ordre des mots ou leur rôle grammatical dans la structure – sujet, objet, etc. – comme dans le télégramme parfaitement compréhensible « enfant sandwich manger ».

D'autres phrases sont plus difficiles à comprendre. Dans « le roi suit la reine », ce que nous savons des rois et des reines en général ne permet pas de déterminer qui marche devant. Que le roi soit cité avant la reine ne signifie pas qu'il marche devant. Dans le contexte du verbe utilisé, « suivre », c'est parce que « roi » a le rôle (grammatical) de sujet que nous savons que c'est lui qui marche derrière. « La reine est suivie par le roi » utilise le même verbe avec cette fois-ci la reine en position de sujet, mais c'est encore la reine qui marche devant ! Le seul moyen de le comprendre est d'identifier la voix passive et la façon dont elle associe des rôles aux différents composants de la phrase ; en particulier c'est l'objet, pas le sujet, qui effectue l'action. Et c'est bien la voix passive et pas l'ordre de mention qui importe. Pour la même scène, Maître Yoda n'aurait pas manqué de dire : « Par le roi, la reine est suivie. »

Ce que ce petit festin grammatical essaie d'éclairer c'est la distinction entre le rôle des éléments de sens – sémantiques – et des éléments de structure – syntaxiques – pour la compréhension de phrases. Un AVC peut compromettre l'usage de l'une ou l'autre de ces informations, générant des difficultés majeures pour comprendre des phrases simples.

Les difficultés à utiliser les indices structurels pour comprendre des phrases simples sont testées dans des expériences consistant à identifier une scène dessinée parmi plusieurs possibles. Choisir entre « le roi suit la reine » et « la reine suit le roi » sera difficile, voire répondu au hasard. Avec quelques indices sémantiques en plus, la compréhension pourra être rétablie. Les mêmes personnes donneront bien plus de réponses correctes pour l'identification des scènes où « le chien poursuit le chat » ou bien « le chat chasse une souris ». Elles seront par contre biaisées si on leur tend des pièges : « le chat poursuit le chien » pourra être comprise à rebours. Ces observations révèlent que la compréhension des phrases se fonde sur ce que l'on peut savoir des relations entre ces espèces, la connaissance du monde, etc. alors que le traitement de la structure syntaxique des énoncés est déficitaire.

Broca et Wernicke, pionniers inoubliables

Le manque du mot, les paraphasies phonologiques, la perturbation du traitement syntaxique et tant d'autres exemples sont l'expression dans le comportement verbal de l'atteinte organique au cerveau. Chacun des phénomènes décrits jusqu'ici est un symptôme. Les maladies du langage observées à la suite d'un AVC peuvent être relativement restreintes, se manifestant principalement par un seul déficit. Mais, le plus souvent, ces symptômes ne sont pas observés isolément. Les déficits du langage se produisent en ensembles appelés, ici comme dans le reste de la médecine, des syndromes. Les deux syndromes les plus cités pour les pathologies des mots portent les noms de deux pionniers de la compréhension des bases cérébrales du langage : l'aphasie de Broca et l'aphasie de Wernicke.

La mention de ces deux noms nous invite à un bref détour par la deuxième moitié du XIXe siècle. C'est à cette période que Paul Pierre Broca et Karl Wernicke ont mené leurs travaux fondateurs sur les bases cérébrales du langage ou, comme on le disait à l'époque, sur le siège de la faculté du langage. De Paul Broca on a surtout retenu ses études sur l'articulation et sur la façon dont cette faculté est compromise après des lésions de certaines aires du lobe frontal. Les *Observations* et les *Remarques* de Broca sur des cas d'aphémie et de perte de la parole, formulées dans le style de l'époque, sont encore une lecture plaisante et instructive[6]. De Karl Wernicke, en miroir presque, on a retenu les études sur la capacité à comprendre le langage et les déficits de celle-ci après des lésions de certaines aires du lobe temporal.

Les travaux de ces pionniers ont conduit à un modèle des bases cérébrales du langage d'après lequel la compréhension de la parole implique, se déroule, dans la partie supérieure du lobe temporal, l'information se propageant alors le long de connexions anatomiques jusque dans la partie inférieure du lobe frontal où se prépare la production de la parole. Comprendre et répondre, parler et écouter sont ainsi synthétisés en un modèle simple et dont les propriétés spatiales dans l'anatomie sont faciles à retenir et à expliquer.

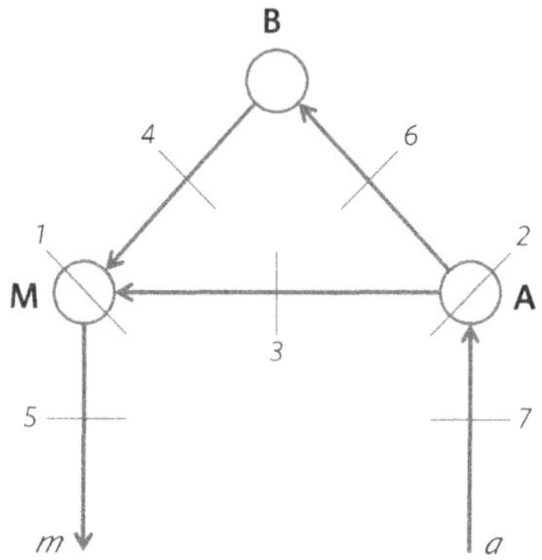

Figure 4. Le modèle de Lichtheim (1885), en forme de maison. L'arc réflexe *a* conduit les sons perçus au centre des images acoustiques *A* des mots. Le centre des images motrices *M* des mots conduit par l'arc réflexe *m* vers les organes articulatoires. Entre *A* et *M*, la connexion directe *3* permet de répéter les mots entendus, alors qu'en passant par le « toit » on accède au centre des notions ou concepts *B* (en allemand *Begriffe*) contenant le sens des mots entendus ou produits.

(Image inspirée de Lichtheim, 1885.)

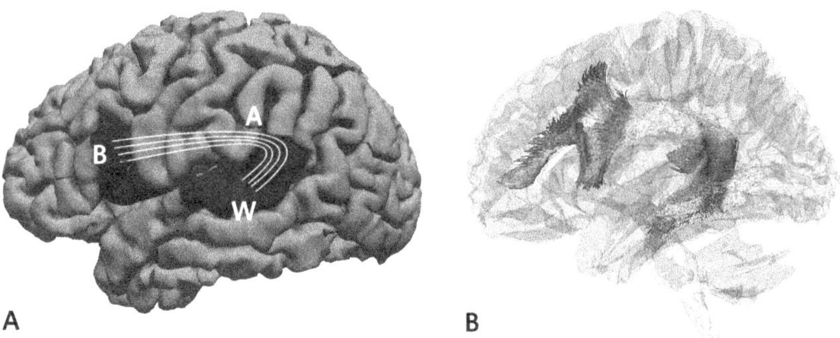

Figure 5. Le modèle de Geschwind (1970) explicite certains contours anatomiques du modèle de Lichtheim. Le schéma de gauche illustre l'association du centre des images acoustiques des mots avec la partie supérieure du lobe temporal gauche, notée W (« Wernicke »), du centre des images motrices des mots avec la partie inférieure et postérieure du lobe frontal gauche, notée B (« Broca »), et leur connexion au travers du faisceau arqué, noté A. L'image de droite est celle d'un faisceau arqué réel, matière blanche qui relie différentes régions d'intérêt, observée par des méthodes de tractographie cérébrale. Une demi-douzaine de faisceaux de matière blanche participent au réseau du langage.

(Image de gauche produite d'après Geschwind, 1970, grâce au logiciel Freesurfer : http://surfer.nmr.mgh.harvard.edu/ ; image de droite téléchargée de Wikicommons avec licence CC BY-SA 4.0, voir aussi https://brain.labsolver.org/ et Yeh, 2022.)

Ce modèle a été prééminent depuis cette seconde moitié du XIXe siècle jusqu'à presque 1970[7]. De nos jours, encore, il est rare qu'un cours sur le langage et le cerveau ne le cite pas dès son premier chapitre, comme référence première ou comme ancrage des discussions à suivre. La simplicité et apparente efficacité explique en partie la pérennité du modèle classique :

Broca ⇔ production *vs* Wernicke ⇔ compréhension

Ce paradigme est facile à conceptualiser mais beaucoup trop simplificateur. Sa philosophie même n'offre guère plus qu'un « lit étroit, mais propre » où reposer sa pensée. Le modèle nous présente une surface lisse et symétrique : comme un galet usé dans les remous de la grève, il ne reflète pas toutes les anfractuosités et complexités des liens qui unissent le langage et le cerveau. Après tout ce qu'il a pu offrir pour guider les explorations du langage, sain ou pathologique, ce modèle a épuisé son utilité[8]. L'ayant mentionné, nous pouvons le reposer sans crainte sur l'étagère.

Syndromes du langage, complexes et évasifs

Broca et Wernicke ont laissé leur nom à des syndromes relativement fréquents dans les pathologies neurologiques du langage. Les définitions des contours de l'*aphasie de Broca* et de l'*aphasie de Wernicke* ont évolué au cours des décennies, mais il est possible d'en donner des définitions d'usage actuelles.

L'aphasie de Broca se caractérise, à des degrés variables, par une *production* verbale laborieuse peu ou pas fluente, des difficultés d'articulation, des manques du mot (déjà décrits ci-dessus) affectant particulièrement les mots grammaticaux, une *compréhension* difficile de certaines marques grammaticales et syntaxiques de la phrase, etc.

L'aphasie de Wernicke se caractérise, à des degrés variables, par une altération de la *compréhension* des mots et des phrases, une bonne articulation mais la *production* de nombreuses paraphasies phonologiques (déjà décrites ci-dessus : écureuil → « écurieill »), un excès de paroles pouvant aller jusqu'à la logorrhée, etc.

Ces descriptions permettent une première conclusion. En contraste avec le modèle historique, les cooccurrences de symptômes fréquemment observées n'établissent pas une distinction ferme entre production et perception du langage. Ces deux modalités sont altérées chacune à leur façon dans les divers syndromes d'aphasie vasculaire : Broca, Wernicke et les autres.

Les définitions des aires cérébrales associées aux aphasies de Broca et de Wernicke sont elles aussi plus complexes que dans le modèle classique.

L'aphasie de Broca est associée historiquement à la partie postérieure de la troisième circonvolution du lobe frontal gauche, mais cette association n'est pas univoque. L'aphasie de Broca est variablement associée à l'opercule frontal, à des régions motrices et prémotrices (qui peuvent être situées au-dessus ou en arrière de l'aire de Broca elle-même), ainsi qu'à d'autres structures comme

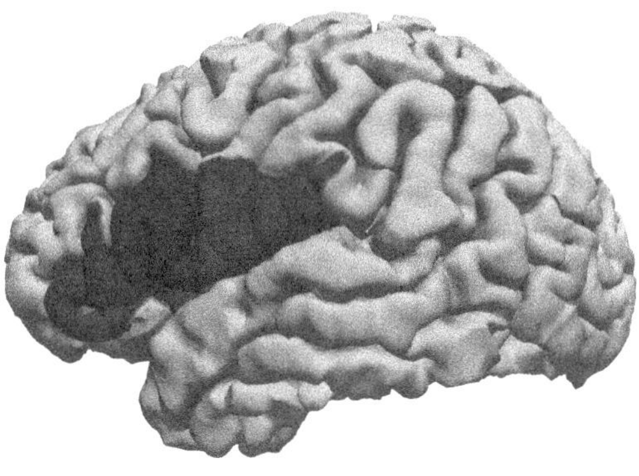

Figure 6. Régions typiquement lésées dans l'aphasie de Broca.

(Figure produite par l'auteur grâce au logiciel Freesurfer : http://surfer.nmr.mgh.harvard.edu/.)

l'insula, les ganglions de la base ou des faisceaux (connexions) de matière blanche entre ces régions.

L'aphasie de Wernicke est associée historiquement à la partie supérieure et postérieure du gyrus temporal gauche. Mais elle est aussi liée à des parties plus inférieures du lobe temporal, au gyrus angulaire et supramarginal dans le lobe pariétal ou à des faisceaux qui connectent ces régions.

À la lueur de ces complexités, Marsel Mesulam a formulé un presque aphorisme, laissant entendre de l'aire de Broca que l'on savait assez bien où elle était mais pas très bien ce qu'elle faisait, et de l'aire de Wernicke qu'on savait assez bien ce qu'elle faisait mais pas très bien où elle était[9]. On peut ajouter l'estimation selon laquelle 40 % des aphasies vasculaires ne peuvent être classifiées sans ambiguïté dans le catalogue d'une dizaine de syndromes aphasiques canoniques. Ainsi, les contours des syndromes et leur association à des substrats cérébraux paraissent flous, même aux spécialistes. Cela n'est pas surprenant. Après tout, on pose là la question immémoriale du dualisme entre l'esprit et la matière, sobrement reformulée en termes de relations *anatomo-fonctionnelles* dans le contexte sophistiqué des connaissances actuelles[10].

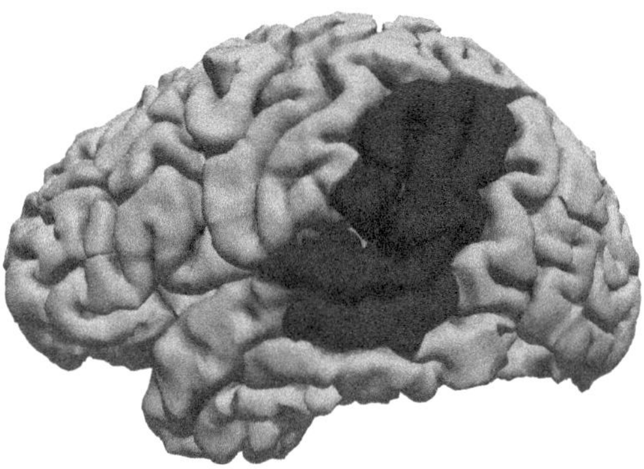

Figure 7. Régions typiquement lésées dans l'aphasie de Wernicke.

(Figure produite par l'auteur grâce au logiciel Freesurfer : http://surfer.nmr.mgh.harvard.edu/.)

Que faire alors de ces syndromes complexes et évasifs ? Reconnaître qu'ils sont à la fois utiles et trompeurs. Il est extrêmement *utile* pour la clinique d'avoir une description détaillée de la cooccurrence des symptômes. Classifier le tableau complet d'un déficit du langage, même approximativement, est crucial pour sa prise en charge : pour formuler des hypothèses très rapidement sur la nature de l'accident vasculaire, pour faciliter les échanges entre professionnels de santé, pour adapter la communication lors des consultations, pour informer l'entourage sur de nouvelles façons de communiquer, pour orienter les programmes de rééducation, etc.

Mais la structure des syndromes aphasiques peut être *trompeuse*. Différentes raisons peuvent expliquer la cooccurrence fréquente de symptômes dans un syndrome. De nombreux facteurs peuvent moduler la présence plus ou moins marquée, ou l'absence, de certain symptôme attendu dans un syndrome. Ces « raisons » et ces « facteurs » sont de nature anatomique, fonctionnelle, pathologique, et parfois même inconnue. Dans cet emmêlement, les syndromes ne constituent pas des signes forts, « pathognomoniques », pour cerner les perturbations cérébrales du langage.

Le syndrome n'est pas la bonne échelle d'analyse. Nous devons augmenter la focale pour voir les choses de plus près, en nous centrant sur les symptômes et leur substrat cérébral. Il est avant tout essentiel de distinguer les coïncidences anatomiques des coïncidences fonctionnelles.

Dans le cerveau, tout n'est pas bien rangé dans des modules d'étagères à angles droits. Le cas le plus manifeste est l'hémiplégie souvent associée à l'aphasie de Broca. Ces patients ont les déficits verbaux déjà décrits *et* ne peuvent plus bouger leur bras droit. La raison la plus fréquente est que l'infarctus a perturbé des aires impliquées dans le traitement du langage mais aussi des aires qui se trouvent être très proches, parfois indiscernables, dans le cortex moteur gauche. Ces dernières sont responsables des commandes motrices envoyées à l'hémi-corps droit, leur lésion provoquant des hémiplégies. Dans ces conditions, on n'a pas envie de dire que le manque du mot et le manque de mouvement partagent une même cause fonctionnelle, ou que trouver des mots en mémoire est un processus similaire à déplacer son bras.

D'autre cas sont un peu plus subtils et, partant, plus intéressants. Nombre d'aphasiques de Broca présentent à la fois des difficultés dans le contrôle moteur de l'articulation et des difficultés avec la structure syntaxique des phrases – un langage dit télégraphique ou agrammatical. Il s'avère difficile de trouver un mécanisme unique de traitement pour expliquer des phénomènes aussi différents, l'un plus moteur et l'autre plus linguistique. Cela demanderait d'élaborer quelque chose comme une théorie motrice de la syntaxe. On préfère plutôt penser, et on observe, que la cause commune de cette coïncidence de symptômes est, à nouveau, la proximité spatiale de centres cérébraux réalisant des processus distincts. En schématisant, une lésion de la partie la plus inférieure du lobe frontal entraîne des conséquences grammaticales et une lésion un peu plus supérieure est associée à des conséquences motrices articulatoires (et éventuellement segmentales : le bras). Étant donné la vascularisation cérébrale, il est très difficile qu'un AVC affecte l'une mais pas l'autre de ces régions inférieure et supérieure, d'où la prévalence des deux déficits (symptômes) dans le syndrome aphasie de Broca[11].

On peut ajouter qu'il serait très intéressant d'observer un ou plusieurs patients plus atypiques chez qui le déficit serait soit essentiellement grammatical, soit essentiellement moteur. Si notre explication est correcte, cette modulation des symptômes devrait être liée à la lésion d'aires cérébrales relativement distinctes, respectivement des aires plus inférieures ou plus supérieures du gyrus frontal impliqué. De telles dissociations de symptômes existent ; même si elles sont rares, elles sont généralement plus informatives que les associations entre symptômes qui forment un syndrome. Elles confortent l'hypothèse intuitive que l'articulation et la syntaxe sont représentées de façon séparée dans le cerveau.

Revenons maintenant à l'aphasie de Wernicke. Nous avons mentionné les difficultés dans la compréhension de la parole – des mots, des phrases – et la production de paraphasies phonologiques (écureuil → « écurieill ») pouvant se manifester par un jargon. Ces deux symptômes semblent assez différents, l'un lié à la capacité à décoder la parole, l'autre à la produire. Comme ci-dessus, ils pourraient coïncider dans le syndrome de Wernicke pour de simples raisons de proximité anatomique des aires impliquées dans la perception et la production de la parole. Tel ne semble pas être le cas.

On a proposé que les symptômes de compréhension et de production pouvaient avoir une cause commune : la faiblesse de l'activation des mots en mémoire. Cette explication se fonde sur l'importance de la connaissance des mots pour comprendre ou produire le langage. Dans un cerveau en bonne santé, l'information acoustique permet d'activer les mots entendus et donc de les reconnaître ; la volonté d'exprimer des idées permet d'activer les mots correspondants pour les prononcer et se faire comprendre. Pour expliquer l'aphasie de Wernicke, on postule que les connaissances des mots sont difficiles à activer en mémoire, indépendamment de la modalité qui les sollicite : lors de la compréhension et lors de la production. Des mots insuffisamment activés ne connectent pas bien avec leur sens et seront donc mal compris, ce qui se manifeste par des troubles de la compréhension. Des mots insuffisamment activés seront mal encodés au moment de parler et donc truffés d'erreurs, ce qui se manifeste par les erreurs phonologiques et le jargon.

Cette explication propose donc une cause fonctionnelle *commune* à différents symptômes d'un syndrome bien établi. On note au passage que pour discuter de la cause des symptômes, ainsi que pour mieux comprendre leur origine anatomique, il est utile de quitter la description des comportements – « ne comprend pas les mots », « se trompe sur les phonèmes », etc. – en faveur d'une représentation des processus ou mécanismes qui engendrent ces comportements (« activation insuffisante des représentations lexicales »)[12].

Pour résumer, il vaut mieux raisonner sur la dissociation des perturbations que sur leurs associations en syndromes, et il vaut mieux raisonner sur les processus perturbés ou préservés que sur les comportements directement observés. Et il faut en plus prendre en compte le cerveau lui-même !

Dans le contexte de l'AVC, une cause profonde de la variabilité des symptômes se trouve dans les trajectoires de l'artère cérébrale moyenne. Deux divisions distinctes de cette artère irriguent les parties plus antérieure et plus postérieure du cortex ; leurs cheminements sont relativement variables d'une personne à un autre. Lorsqu'un AVC survient, l'étendue et la localisation de la lésion dépendent de la trajectoire de ces vaisseaux : d'une personne à une autre, l'hémorragie désorganisera chaque fonction dans des proportions difficiles à prévoir.

D'ailleurs, l'AVC n'a pas que des conséquences locales. Les changements de vascularisation peuvent compromettre l'irrigation sanguine et donc le fonctionnement d'aires proches ou plus lointaines. À la dégradation locale de matière grise peut s'ajouter la dégradation de matière blanche qui, schématiquement, constitue les axes de communication électrique entre régions. Si le courant passe mal, des régions qui ne sont pas lésées pourront dysfonctionner et induire d'autres symptômes. Ces phénomènes perturbent l'interprétation des associations observées entre symptômes et aires lésées.

Enfin, alors que nous menons notre discussion autour des conséquences des AVC, nombre d'autres pathologies peuvent affecter le fonctionnement cérébral du langage : certaines tumeurs, certaines épilepsies, la dégénérescence progressive des tissus, etc. Une description de la physiopathologie propre à chacune de ces maladies est nécessaire pour prendre en compte à quel point elles désorganisent le tissu et donc le fonctionnement.

Des régions aux réseaux

À force de rapprocher notre focale et de détailler de plus en plus nos descriptions, nous pourrions arriver à une description individualisée de chaque patient. Et, en effet, chaque patient est unique. Cela est vrai en raison de sa personnalité et de son histoire bien sûr, mais aussi en raison des déficits précis que ses lésions cérébrales ont générés. La diversité des combinaisons de symptômes affectant le langage est indéniablement très grande, le nombre de paramètres pouvant être plus ou moins affectés aussi. Au point que la cognition de chaque patient a été comparée à un flocon de neige dont chaque forme est différente de celles de tous les autres.

Avoir autant de formes que de patients, reconnaître cette variabilité, s'intéresser aux patients individuels n'empêche pas de rechercher des causes communes. Même sur la base de cas uniques de patients, l'objectif reste la description des principes réglant l'organisation et désorganisation mentale et cérébrale de la connaissance des mots, comme les principes de la cristallographie décrivent la forme des flocons[13].

Nous ne pourrons pas relever ici tous les défis que pose cette description. Mais nous pouvons prendre un peu de recul pour reparcourir les étapes que nous avons suivies et qui sont résumées dans la table ci-dessous.

étape	cerveau	esprit
1	Région anatomique	Comportement ou déficit
2	Région anatomique	Représentations ou processus
3	Sous-région	Mécanisme cognitif
4	Réseau fonctionnel	Mécanisme cognitif
5	Réseau dynamique	Dynamique cognitive

Séquence plus ou moins historique de l'exploration des liens entre esprit et cerveau, notamment pour l'interprétation des pathologies du langage.

Le raisonnement le plus simple consiste à (1) associer une région avec un comportement déficitaire, par exemple lier l'aire de Broca et l'incapacité à articuler le langage. Une version plus élaborée (2) interprète le comportement en termes des représentations qu'il implique. Il s'agit alors de lier certaines aires avec certaines représentations ou processus, par exemple l'aire de Wernicke et la connaissance de la forme des mots, que l'on pourrait appeler un lexique phonologique.

En allant plus loin, il est possible que les aires définies par leur forme anatomique se divisent en sous-aires fonctionnelles. Chacune de ces sous-aires est impliquée dans un aspect différent du mécanisme cognitif qui génère le comportement d'intérêt. À ce stade, la démarche consiste à (3) identifier les mécanismes les plus élémentaires et les sous-aires associées les plus délimitées. Mais ce raisonnement reste régional. Il ne tient pas compte du caractère hautement interconnecté de l'architecture cérébrale. Ainsi la (sous-)région qu'il convient d'associer à un mécanisme n'est peut-être pas localisée dans un endroit particulier du cerveau, où a eu lieu l'infarctus, mais elle peut être distribuée à différents endroits. Nous sommes alors en train de (4) chercher à lier un mécanisme cognitif avec un réseau d'aires interconnectées.

Ce dernier pas est un peu plus qu'un petit changement géométrique : en prenant en compte des régions distantes, nous considérons à la fois la matière grise composant chaque sous-région, la matière blanche qui connecte les sous-régions entre elles et les échanges d'information entre elles. Une dernière élaboration (5) introduit la dimension temporelle, en rendant compte du déroulement dans le temps des opérations cognitives et des activités cérébrales : à quel moment, avec quelle fréquence, selon quelle synchronie se produisent les événements cognitifs et neurophysiologiques d'intérêt ?

Pour bien cerner les déficits du langage, nous devons donc observer les comportements verbaux et les lésions cérébrales, en inférer les mécanismes cognitifs préservés et ceux qui dysfonctionnement, et les mettre en lien avec les perturbations de l'activité dynamique d'un réseau cérébral. C'est beaucoup plus que ce qu'auraient pu rêver Paul Broca ou Karl Wernicke !

Il y a un siècle et demi, ces pionniers étudiaient le comportement verbal d'un patient et, parfois, une autopsie permettait de déceler dans le cerveau la lésion à l'origine des troubles. Bien sûr, le décès et l'autopsie pouvaient se produire bien des années plus tard que le début de la pathologie. La lésion organique pouvant évoluer de différentes façons, elle ne reflétait plus exactement le comportement étudié. Avec l'avènement de l'imagerie anatomique puis de l'imagerie fonctionnelle, vers 1990, ces liens peuvent désormais s'établir au même moment de la vie du patient, voire au moment même où le patient parle et fait des erreurs dans un scanner, lors de la phase aiguë de la pathologie, etc. Ainsi, les liens anatomo-fonctionnels détaillés peuvent être établis.

L'autre évolution majeure a été le passage de l'étude de cas uniques, présentant des pathologies particulièrement révélatrices, à l'étude de larges groupes de patients. Ces groupes ne sont généralement plus définis sur la base des syndromes classiques, en raison des difficultés que nous avons déjà évoquées. On raisonnera plutôt de façon statistique en regroupant les données de patients dont les différentes lésions couvrent une large partie du cerveau et dont les symptômes ou les processus déficitaires sont eux aussi relativement variés. Ces larges échantillons sont analysés au moyen de modèles statistiques qui cherchent à relier (à prédire) les symptômes à partir des lésions et les lésions à partir de symptômes. Ici, l'unité anatomique n'est plus la région ni le réseau interconnecté, mais le *voxel* de cerveau, autrement dit le « pixel volumique » (vox-el) de quelques millimètres qui constitue l'unité des imageries cérébrales. La prise en compte de l'hétérogénéité des patients est donc traitée comme une question statistique, non triviale, définie dans l'espace des processus et l'espace de la géographie cérébrale[14].

La complexité grandissante de ces raisonnements anatomo-fonctionnels et la nécessité de les combiner avec les données expérimentales recueillies auprès de personnes en bonne santé requièrent une formalisation du discours explicatif. Cela se fait, ici comme partout ailleurs, en confrontant les données à différentes théories et modèles du traitement des mots.

CHAPITRE 4

Théories et mot-dèles

Le fonctionnement cognitif et cérébral du langage est décrit à l'aide de théories verbales ou de modèles quantitatifs. Ces deux approches sont complémentaires : la première met en relief l'interprétabilité des mécanismes postulés et la deuxième la précision des prédictions formulées.

Théories verbales du traitement linguistique

L'introduction à l'explication du phénomène des marées proposée par la page Wikipédia francophone est très claire.

> Les marées sont dues à la déformation des océans par les forces d'attraction de la Terre et des corps célestes les plus influents (la Lune et le Soleil), ainsi qu'à l'effet de la force centrifuge générée par la rotation de la Terre autour du barycentre Terre-Lune. Ces effets s'expriment de façon différente en chaque point du globe en raison de nombreux phénomènes additionnels : inertie du déplacement de l'eau, effets induits par la marée elle-même et par les déformations terrestres, propagation des ondes induites par des facteurs tels que la force de Coriolis, influence de la taille et de la forme des bassins (ouverts ou fermés, profonds ou pas), etc.

Cette description donne à voir les mécanismes qui déclenchent les mouvements des eaux marines ainsi que certains des paramètres qui modulent ces mouvements. Avec quelques phrases de plus, ce texte pourrait facilement conduire à des prédictions correctes concernant les marées : elles seront moindres dans un bassin peu profond ou fermé que l'inverse, elles seront plus fortes aux équinoxes qu'à d'autres dates, ou dans telle latitude plutôt qu'une autre, etc. Cette description purement verbale illustre bien comment le langage à lui seul est un très bon moyen pour caractériser et faire comprendre les rouages d'un mécanisme complexe.

Sans surprise, donc, le langage fournit un outil efficace pour théoriser le langage. Nombre de discussions scientifiques sont articulées exclusivement par ce moyen. Voici par exemple comment Pallier et Fabre décrivent le processus par lequel nous pourrions extraire le sens d'une phrase lue ou entendue et la comprendre dans son contexte[1].

> Dans un modèle très simple de la compréhension de la parole ou de la lecture, les traitements s'enchaîneraient de manière purement séquentielle et unidirectionnelle d'un niveau linguistique au suivant, c'est-à-dire que la reconnaissance des mots précéderait temporellement la construction de la structure syntaxique qui précéderait elle-même les processus d'interprétation sémantique et de déduction pragmatique.

Cette proposition paraît logique du point de vue de la grammaire – attendre d'avoir tous les mots d'une phrase est une bonne façon d'en déchiffrer la structure, puis le sens, puis de l'interpréter dans le contexte. Dans les faits, pourtant, ça ne se passe pas exactement comme ça.

> [Les] expériences ont révélé que le processus de compréhension de la parole était très rapide et incrémental, mot par mot, et n'attendait pas qu'un niveau de traitement ait achevé son travail pour passer au suivant : le cerveau paraît plutôt mobiliser à chaque instant toutes les

> informations disponibles pour faire des hypothèses simultanément à tous les niveaux. [...] D'autre part, les niveaux « plus élevés » peuvent contraindre les analyses des « niveaux inférieurs » en cas d'ambiguïté.

Autrement dit, dans ces théories actuelles, le processus de compréhension de phrases ne cherche pas à décoder à chaque niveau la structure exacte et précise utilisée par l'interlocuteur ; une structure approximative – et, au sens strict, inexacte – permet de poursuivre les traitements. De plus, si le système commence à suspecter telle structure pour une phrase, ou que tel mot doit apparaître, il va pouvoir le prédire pour le rendre disponible en mémoire, avant même de l'avoir lu ou entendu.

Voyons un deuxième exemple de théorie verbale décrivant un aspect complexe du traitement linguistique : le choix des mots chez les locuteurs bilingues. Costa et Sebastián-Gallés en expliquent les enjeux de cette façon :

> Bien que le traitement du langage implique généralement des processus de contrôle et de surveillance, le traitement du langage bilingue est plus exigeant pour ces processus car les bilingues doivent s'assurer que le bon registre est utilisé dans chaque contexte de communication. En outre, ces processus de contrôle sont particulièrement importants car les bilingues activent leurs deux langues de manière non sélective. Ainsi, lorsqu'ils envisagent de nommer une pomme, les bilingues espagnol-anglais activent à la fois « *manzana* » et « *apple* » (les mots désignant la pomme en espagnol et en anglais respectivement). De plus, lorsqu'un bilingue entend un mot dans l'une de ses langues (par exemple un bilingue russe-anglais qui entend le mot russe « *marku* »), des mots phonologiquement apparentés dans les deux langues sont activés (comme le mot anglais « *marker* »). Ainsi, les bilingues ont deux candidats lexicaux potentiels (un dans chaque langue) pour chaque concept qu'ils veulent exprimer, et ils doivent donc continuellement décider lequel prononcer, en fonction de la situation, et pour éviter les intrusions de l'autre langue[2].

Comment cette compétition entre les langues se résout-elle ? Il va de soi que le système linguistique bilingue est capable d'identifier quels mots, phonèmes ou structures appartiennent à quelle langue. En effet, les bilingues peuvent choisir entre l'option de ne parler que l'une de leurs langues – par exemple avec un monolingue – et celle de les mélanger si les circonstances s'y prêtent – par exemple en parlant à d'autres bilingues. Cette connaissance peut prendre la forme d'une représentation de langue, sorte d'étiquetage mental différencié de chaque mot. Cet étiquetage contribue à la capacité de contrôle de la langue parlée à chaque instant, phénomène pour lequel deux mécanismes neurocognitifs alternatifs ont pu être proposés.

Dans le premier, la sélection des mots dans la bonne langue est rendue possible par un mécanisme d'inhibition. Ce mécanisme permet d'exclure les mots de la langue non souhaitée de façon adaptée aux circonstances. Dans le deuxième mécanisme, alternatif, les mots des deux langues restent actifs dans tous les cas. Les candidats de la langue souhaitée sont suractivés par rapport à ceux de la langue non souhaitée, ce qui facilite leur sélection. La différence entre une représentation de langue qui inhibe *vs* celle qui active des mots candidats peut paraître une nuance subtile. Ces deux mécanismes conduisent pourtant à des prédictions distinctes.

L'inhibition, mais pas l'activation, devrait être visible dans les réseaux cérébraux impliqués dans le contrôle de tâches autres que le langage. En effet, l'inhibition ou *contrôle cognitif* est une capacité que l'on sollicite dans de nombreux contextes non linguistiques, par exemple le contrôle de nos actions et mouvements, la maîtrise de notre impulsivité, etc. L'hypothèse simple est qu'un seul et même processus d'inhibition régule nos actions – qu'elles soient verbales ou non.

L'activation, mais pas l'inhibition, devrait se manifester par une facilité égale (mesurée en vitesse, erreurs, fatigue) à parler une langue et à alterner entre deux langues. En effet, suractiver certains mots d'une langue pour les sélectionner n'influence pas l'activation des mots de l'autre langue, qui restent aussi disponibles après l'utilisation de l'une ou l'autre langue. (Au contraire, inhiber une langue pour parler l'autre doit créer une sorte de handicap au moment où il faut revenir à la première.)

À ce jour, nous n'avons pas de réponse définitive : les données d'imagerie cérébrale favorisent plutôt l'hypothèse d'inhibition alors que les données comportementales, examinées de près, favorisent plutôt l'hypothèse d'activation[3].

Du qualitatif au quantitatif

La compréhension des phrases ou le choix des mots par les bilingues fournissent des exemples de description verbale d'algorithmes mentaux impliqués dans divers traitements linguistiques. De telles formulations théoriques sont précieuses. Une théorie bien formulée révèle la structure argumentative, les postulats qui pourraient être questionnés et les prédictions générales qui en découlent. Les processus qui y sont décrits bénéficient d'une forme explicite et interprétable. Mais ces formulations ont aussi leurs limites.

La description du phénomène des marées citée ci-dessus, certes explicite et prédictive, ne permet pas d'en déduire l'information cruciale de leurs horaires – en heures et minutes – ni leur quantité de variation d'un jour à l'autre, etc. De même, une théorie simplement verbale d'un traitement linguistique permettra des prédictions *qualitatives* – par exemple, telle phrase est plus difficile à comprendre que telle autre, les bilingues ont plus de mots sur-le-bout-de-la-langue que les monolingues – mais pas *quantitatives* – par exemple, à chaque structure syntaxique enchâssée supplémentaire dans une phrase à comprendre, l'activité cérébrale sera multipliée par 1,25 ; ou bien, le temps requis pour choisir un mot dans une langue augmente proportionnellement avec le nombre de mots produits précédemment dans l'autre langue.

Formuler et tester de telles relations quantitatives devient déterminant à partir d'un certain point, car la précision de la relation numérique contraint plus fortement les mécanismes susceptibles de la produire. Une théorie verbale court aussi le risque d'être imprécise sur la façon dont certains de ses composants s'articulent. Par exemple, une théorie de la reconnaissance des mots dans une phrase peut légitimement détailler les effets produits par la *longueur* des mots et les mécanismes qui les produisent, les effets produits par la *catégorie grammaticale* des mots et les mécanismes qui les produisent, tout en ignorant, ou feignant d'ignorer, la façon dont ces facteurs et mécanismes interagiraient entre eux.

Le remède à certaines de ces limites est, bien entendu, de passer d'une formulation verbale à une formulation en termes mathématiques. Celle-ci sera, en règle générale, plus précise et moins ambiguë que la formulation en langage naturel, au risque d'être plus circonscrite et opiniâtre. Il peut bien sûr exister des versions implémentées des théories verbales comme celles citées ci-dessus. Ces modélisations sont fondées sur des quantités mesurées expérimentalement – par exemple l'activité cérébrale d'un certain type – mais souvent aussi sur des quantités représentant les données de façons plus abstraites – par exemple le nombre de cycles de calcul nécessaires à un algorithme postulé pour la « production » d'un mot réponse. Dans ce qui suit, nous approchons ces modélisations quantitatives sans changer le format de nos explications, c'est-à-dire en utilisant bien plus de mots que d'équations.

La performance mise en équation

Les mots que nous lisons peuvent être plus ou moins inattendus. Ce caractère plus ou moins prévisible peut être une propriété du mot lui-même, s'il est utilisé plus ou moins fréquemment dans la langue – heure *vs* leurre, attitude *vs* aptitude. Cela peut aussi découler du contexte dans lequel les mots sont employés – « la chanteuse s'arrête de pédaler » *vs* « le cycliste s'arrête de pédaler ».

L'utilisation plus ou moins fréquente dans la langue peut être quantifiée par la fréquence lexicale d'un mot (notée F_{mot}), un décompte du nombre de fois où un mot est utilisé, formulé en nombre d'apparitions (dudit mot) par millions (de mots de texte). Par exemple, dans chaque million de mots de textes en français on peut s'attendre à trouver le mot « chose » quelque 1 700 fois, alors qu'on ne trouvera le mot « vedette » qu'une douzaine de fois. Cette fréquence lexicale se mesurait de façon laborieuse au siècle dernier en épluchant et classant à la main les mots utilisés dans de nombreux livres ou journaux. Elle se compile de façon très pratique de nos jours en décortiquant informatiquement de vastes bases de données textuelles écrites ou orales, par exemple toute la Wikipédia francophone, ou bien les sous-titres d'un très grand nombre de films et séries – transcription écrite d'un langage de forme orale.

Conformément à une intuition très partagée, un mot plus inattendu va prendre plus de temps à être reconnu ou récupéré en mémoire. Au milieu des années 1960, ce phénomène a été caractérisé de façon plus précise[4]. Dans leurs observations, le temps moyen de récupération (noté $\overline{TR}$) varie de façon linéaire avec le logarithme de la fréquence lexicale F_{mot}, autrement dit

$$\overline{TR} = a \times log(F_{mot}) + b,$$

où a et b sont des paramètres qui vont dépendre de diverses circonstances expérimentales, ou bien de caractéristiques des personnes participant à l'expérience. La formule ci-dessus exprime une régularité empirique bien plus précise que simplement dire « va prendre plus de temps lorsque le mot est utilisé moins fréquemment dans la langue ». Ce « plus de temps » n'est pas linéaire, proportionnel ou exponentiel : il est logarithmique. Même si l'expression de cette régularité ne constitue pas une explication des processus d'identification des mots en mémoire, sa forme particulière contraint les modèles susceptibles de les décrire.

Cette relation logarithmique a une interprétation bien établie où la reconnaissance est régie par un processus probabiliste. *A priori*, c'est-à-dire avant toute perception, le système connaît d'expérience le lexique de sa langue et s'attend à entendre chaque mot avec une probabilité liée à sa fréquence lexicale. En français, le mot le plus attendu *a priori* est « je » – le mot le plus fréquemment utilisé d'après les bases de données[5]… – suivi de « de », « est », « pas », etc. Toutes choses étant égales par ailleurs, selon l'expression consacrée, « je » sera donc le mot reconnu le plus rapidement, suivi de « de », « est », etc.

Comme il y a beaucoup de mots, la probabilité *a priori* de chacun d'entre eux reste très faible. Ce n'est que lorsque la perception commence qu'elle fournit des informations qui vont progressivement biaiser ces probabilités en faveur du mot effectivement présenté : percevoir le début d'un mot « v », puis la suite « e », « d », etc. Ce recoupement d'informations se prolonge *un certain temps* jusqu'à ce que l'un des mots atteigne un seuil de probabilité (ou de certitude) suffisamment élevé pour que le système ne retienne que lui : la reconnaissance a eu lieu. Ce mécanisme peut être mis en équation avec quelques hypothèses supplémentaires. Leur résolution, en appliquant notamment la règle probabiliste de Bayes, montre que ce *certain temps* dépend de façon linéaire du logarithme de la fréquence lexicale[6].

Cette explication étant posée, précisons d'emblée quelques nuances. Assez rapidement il a été observé que la relation logarithmique ci-dessus n'est pas toujours valable aux deux extrêmes : pour les mots de très haute ou très basse fréquence. De plus, des travaux actuels avec des mesures de corpus beaucoup plus précises ont relancé le débat de la nature exacte de cette relation quantitative. Dans ce débat, deux aspects sont importants.

D'un côté, il s'agit de déterminer la variable de « prévisibilité » qui capture au mieux les variations de la performance. Il peut s'agir de la fréquence des mots, comme discuté ci-dessus. Il peut s'agir aussi de la probabilité de les prédire dans le contexte donné, de la diversité des contextes dans lesquels les mots sont employés, de la quantité d'information supplémentaire qu'ils apportent à la phrase où ils apparaissent, ou même de l'âge auquel ils ont été appris. Bien sûr ces variables sont corrélées entre elles de sorte que les départager nécessite de grandes quantités de données et des modèles statistiques sophistiqués.

D'un autre côté, il s'agit de déterminer la nature exacte de la relation quantitative observée. La relation logarithmique a pour principale alternative la loi de puissance selon laquelle

$$\overline{TR} = a \times (F_{mot})^{-k} + b,$$

où a, b et k sont, comme auparavant, des paramètres qui peuvent dépendre de diverses circonstances expérimentales.

Les lois de puissance ont attiré beaucoup d'attention dans de nombreuses disciplines scientifiques. Elles caractériseraient de nombreux phénomènes géologiques, biologiques, démographiques, linguistiques, etc. Cette ubiquité pourrait être le fascinant reflet de processus sous-jacents à la fois simples et communs à de nombreux domaines. En psychologie, la loi de puissance est fortement associée à des modèles expliquant l'apprentissage et l'oubli d'une large palette de compétences. Parmi celles-ci il pourrait y avoir la compétence à reconnaître des mots connus car préalablement appris.

Un *processus* qui justifie l'existence d'une loi de puissance est basé sur la notion d'« occurrence » (en anglais, « *instance* »). À chaque fois qu'un stimulus pertinent est rencontré, il laisse en mémoire une trace ; un stimulus rencontré plus fréquemment bénéficiera de plus de traces. À chaque fois que le stimulus apparaîtra à nouveau, les traces redeviendront disponibles. Cette disponibilité se fait de façon indépendante pour chaque trace ; la reconnaissance a lieu dès qu'une trace est devenue disponible. Pour ces raisons, le temps de reconnaissance, ou temps de réponse, est donné par le temps nécessaire à ce qu'une première trace devienne disponible. Dans la mesure où toutes les traces s'activent en parallèle, comme dans une course, plus un stimulus a de traces, plus courte sera sa récupération en mémoire. En effet, un stimulus avec une seule trace aura la vitesse de celle-ci ; un stimulus avec deux traces aura la vitesse de *la plus rapide des deux*, etc.

On montre que la distribution des temps minimaux de cette course entre traces mnésiques suit une loi de probabilité dite « loi de Weibull » qui prédit une relation de puissance entre le temps de reconnaissance et le nombre de traces – à savoir, la fréquence avec laquelle il a été rencontré, pratiqué. Appliquer ce modèle au langage est facile. L'origine du lexique mental est l'exposition successive aux mots de la langue : chaque fois qu'un mot est rencontré, il laisse une trace en mémoire. La reconnaissance d'un mot implique une course entre les différentes traces possibles. Cette course serait reflétée dans les temps de reconnaissance qui suivraient une loi de puissance vis-à-vis de la fréquence lexicale. Dans ce type de modèle, les mots n'ont pas une représentation unique mais sont en fait représentés par les nombreuses traces que leur traitement a laissées[7].

Nous avons donc esquissé deux modèles de reconnaissance de mots. Appelons le premier « lecteur ou auditeur bayésien » et le deuxième « basé sur les occurrences » (on lit parfois modèle « exemplariste »). Ces modèles postulent des algorithmes et des représentations différents. Ils prédisent des formes différentes à la relation entre temps de reconnaissance et prévisibilité d'un mot. Malheureusement, établir de façon formelle l'existence dans des données empiriques d'une loi de puissance, logarithmique ou autre, se montre difficile[8]. À défaut d'être définitives, les données les plus convaincantes à ce jour révèlent une loi logarithmique des temps de lecture en fonction non pas de la fréquence mais de la prévisibilité des mots dans leur contexte, sur près de six ordres de grandeur[9]. Cela argumente en faveur d'un mécanisme où chaque mot a une (seule) représentation en mémoire dont l'accès est probabiliste. La représentation probabiliste de chaque mot lu est combinée au fur et à mesure au cours de la lecture et permet d'anticiper – préactiver – au fur et à mesure les mots susceptibles d'arriver.

D'un modèle des données à un modèle des processus

La prévisibilité d'un mot discutée jusqu'ici n'est pas la seule de ses propriétés qui affecte la performance. La longueur, la prononciation plus ou moins irrégulière, la signification plus ou moins abstraite, etc. sont autant de propriétés qui peuvent moduler de façon systématique la vitesse des réponses, donc sûrement les processus qui permettent la reconnaissance. Ces variables et d'autres peuvent avoir des effets simplement additifs ou bien se combiner selon des interactions complexes. Le processus de reconnaissance comporte donc des mécanismes autres qu'un calcul et une mémorisation des probabilités des mots susceptibles d'arriver. Un modèle cognitif complet doit être en mesure de les décrire.

Une approche efficace consiste à expliciter et implémenter numériquement les divers niveaux de représentation qui sont jugés nécessaires à la reconnaissance d'un mot. Considérons un modèle de lecture des mots isolés par des adultes. Ce modèle comportera des niveaux représentant de façon explicite les propriétés géométriques de la forme des lettres (ou caractères) d'une langue et une représentation des lettres elles-mêmes. Il comportera ensuite des niveaux décrivant les connaissances linguistiques plus abstraites.

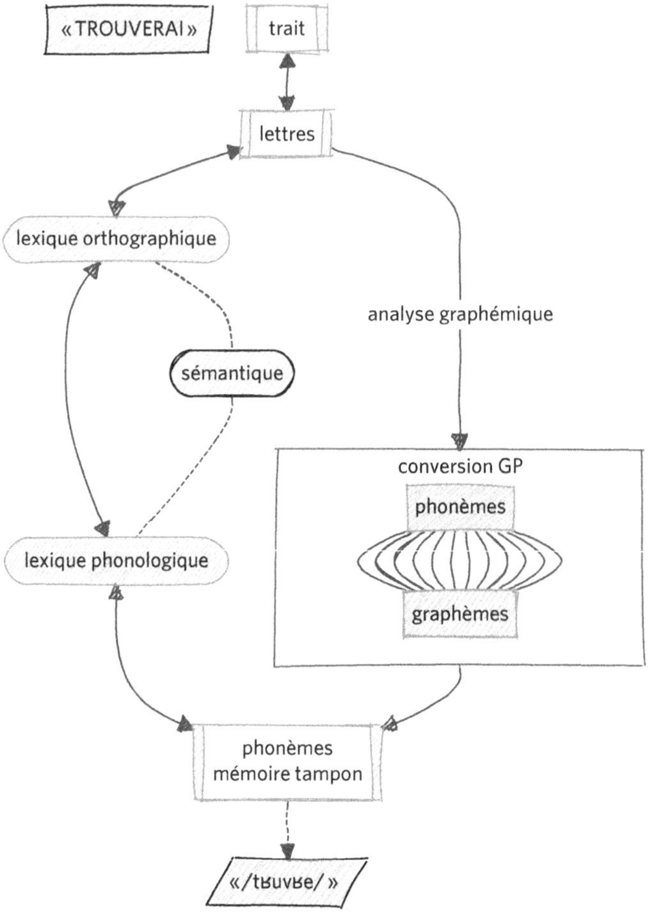

Figure 8. Implémentation du modèle de lecture de mots dit « CDP+ ». Le schéma se lit de haut en bas. L'image d'un mot (« TROUVERAI ») est présentée sous une forme vectorielle numérique propre au modèle. Cette image active des représentations des *traits* (horizontaux, verticaux, obliques, etc.) qui à leur tour activent des représentations des *lettres*. Ensuite, le système s'engage dans deux traitements en parallèle : l'activation de représentations de mots entiers dans le *lexique* (lecture dite parfois « globale », voie de gauche) et l'activation de représentations de *graphèmes* ayant une prononciation telles que « a », « ai », « ch » (lecture dite parfois « sous-lexicale », voie de droite). Ces deux processus convergent sur une *mémoire tampon* - temporaire - où la forme phonologique du mot est maintenue avant une éventuelle articulation à voix haute.

(Image adaptée librement de Perry et al.*, 2014.)*

Ces niveaux peuvent être illustrés au travers de la distinction faite jadis entre une lecture dite « globale » et « syllabique ».

Le processus dit global s'appuie sur une connaissance des mots entiers, représentés dans deux lexiques. L'un de ces lexiques est orthographique et a mémorisé des formes telles que « ENFANT », « MONSIEUR » ou « FEMME » ; l'autre est phonologique et a mémorisé des formes telles que /ãfã/, /məsjø/, /fam/. Le processus dit « syllabique » est plus justement appelé « sous-lexical » puisqu'il n'est pas strictement limité aux syllabes mais concerne toute connaissance sur les morceaux de mots et leurs régularités. Du côté orthographique, ce processus implique les graphèmes – groupes de lettres ayant une prononciation propre, tels qu'en français « a », « ai », « p », « ph » ; du côté phonologique, un réseau de connexions construit par un processus d'apprentissage relie les graphèmes vers leurs prononciations possibles.

Dans ce modèle, la lecture experte qui permet de reconnaître chaque mot et en retrouver la prononciation repose sur les deux mécanismes, menant en parallèle le décodage global et le décodage sous-lexical.

Ces deux processus contribueront en proportions variables selon le mot à lire ou le contexte dans lequel a lieu la lecture. Pour illustrer, on peut comparer le cas extrême de la lecture d'un mot très familier comme son propre nom de famille, qui impliquera majoritairement des processus de reconnaissance lexicale globale, à la lecture du nom de famille complexe et multisyllabique d'une nouvelle connaissance, qui impliquera majoritairement des processus sous-lexicaux. À ces mécanismes fondamentaux il faut ajouter la gestion des syllabes successives, toniques ou pas, une représentation des sens et concepts signifiés par les mots, etc.

Le modèle ainsi construit est un programme informatique qui « lit » les mots[10]. Ce programme reçoit en entrée des séquences de lettres – qu'elles forment un mot ou pas – et restitue en sortie une séquence de phonèmes qui constituent la prononciation proposée.

Entre ces deux étapes, la séquence de lettres est convertie en une série de valeurs numériques qui simulent l'activation de la forme de ces lettres dans un hypothétique système visuel. Ces valeurs numériques sont à leur tour transformées à l'aide de différentes fonctions, certaines reflétant le traitement lexical, d'autres le traitement sous-lexical. Les résultats de ces traitements sont combinés entre eux et génèrent d'autres nombres qui simulent l'activation dans le système phonologique de la forme lue. Ce traitement est itératif. On calcule une première fois les fonctions implémentées sur les représentations en entrée ; cela fournit une modification de l'ensemble des représentations et un premier résultat en sortie. Les fonctions sont appliquées à nouveau, et ainsi de suite, jusqu'à ce que le résultat ne varie plus.

Une architecture cognitive ainsi formulée et implémentée est capable d'estimer le temps nécessaire pour lire un mot, de générer des lectures plausibles pour des mots peu ou pas connus tels que « harfang », de simuler nombre des effets expérimentaux cités ci-dessus : fréquence, longueur, régularité orthographique, etc. En somme, le modèle donné en exemple met en œuvre des processus cognitivement réalistes pour simuler la lecture mentale. Cette prouesse s'arrête toutefois à la représentation mentale de la phonologie. Sur l'articulation des mots, le modèle reste silencieux.

En effet, les processus d'articulation des mots présentent un défi de nature différente. Il ne s'agit plus de rendre compte des mémoires visuelles, orthographique et phonologique des lettres et des mots, ou de la manipulation de ces connaissances pour passer de l'une à l'autre. Modéliser la prononciation à voix haute demande de formuler une interface entre les connaissances linguistiques et le système moteur qui gère et génère le mouvement des muscles responsables de l'articulation – ou, ailleurs, de l'écriture manuelle ou au clavier, ou des gestes utilisés en langue des signes.

Un modèle computationnel très influent offre la particularité rare d'intégrer une architecture cognitive avec une architecture anatomo-fonctionnelle en une implémentation unique. Ce modèle prend en entrée une représentation des syllabes devant être prononcées. Ce pourrait être, peu ou prou, la représentation phonologique finale du modèle décrit précédemment. Il fournit en retour des estimations quantitatives des trajectoires des différents articulateurs et des activités cérébrales dans les régions afférentes aux différents processus[11].

En admettant qu'il y ait une intention de parler à voix haute, intention dont ce modèle ne s'occupe pas, la production d'un élément simple de langage comme une syllabe commence dans le lobe frontal, plus précisément dans le cortex prémoteur ventral. Ce cortex, avec des régions proches telles que l'insula et des régions sous-corticales, stocke les « cartes de sons de parole » connues de l'individu qui parle, cartes qui deviennent disponibles lorsque la région est activée. Une carte de sons de parole est une description de la chorégraphie qu'il faudrait coordonner pour produire la syllabe voulue. Ces cartes de sons de parole sont par ailleurs liées à des cartes d'*initiation* de la parole dont la localisation est dans une région beaucoup plus dorsale (c'est-à-dire plus supérieure) du lobe frontal, l'aire motrice supplémentaire ou « AMS ». Ensemble, la coactivation de ce petit réseau va déclencher l'activation du cortex moteur lui-même, qui se situe en gros à mi-chemin entre le cortex prémoteur ventral et l'AMS. Le cortex moteur spécifie précisément la temporalité, position et vitesse des mouvements au fur et à mesure qu'ils sont effectués.

Si l'individu qui parle a l'intention de produire plus d'une syllabe, par exemple un mot long ou une phrase, un niveau de coordination hiérarchiquement supérieur sera nécessaire. En effet, les séquences plus longues ne sont pas stockées comme des cartes ou programmes moteurs prêts à être produits. Cela empêcherait d'adapter la prononciation de chaque mot à son contexte, produisant une voix « robotique » plutôt que « naturelle ». Ce niveau d'organisation

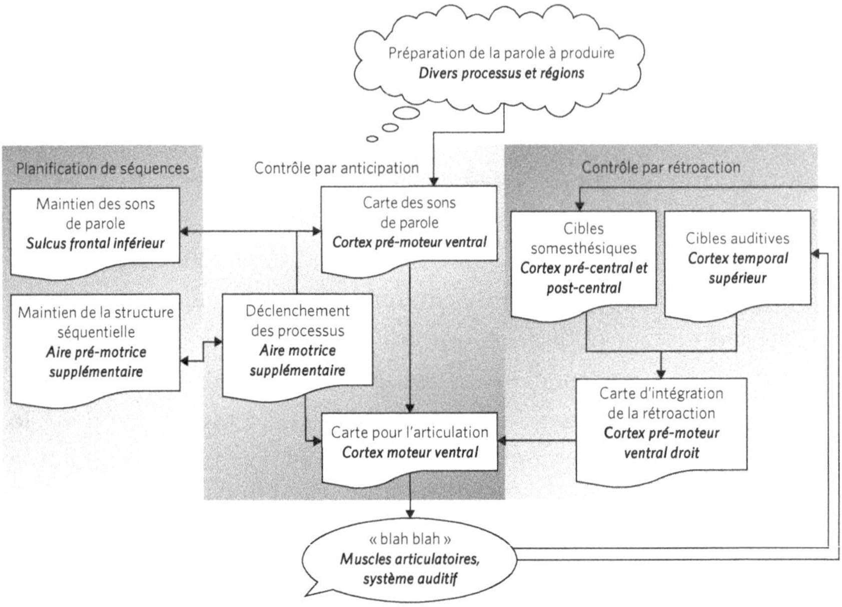

Figure 9. Aperçu de l'organisation anatomo-fonctionnelle du réseau permettant la production de parole. En dépit des apparences, cette représentation a été simplifiée en omettant de nombreux éléments tels que des boucles de rétroaction et diverses régions. Chaque case reflète un processus de traitement d'information (en caractères droits) qui active une région cérébrale (en caractères ***gras italiques***). La syllabe à produire (en haut) active le système de contrôle par anticipation (au centre) qui est contrôlé et corrigé par le système de rétroaction basé sur la parole produite (à droite) ; pour la planification et production de séquenes de syllabes, comme dans la parole naturelle, le réseau s'élargit (à gauche). Le texte donne plus de détails.

(Figure librement adaptée de Kearney et Guenther, 2019.)

hiérarchique supérieur aura deux aspects. Il y aura d'une part la construction d'une carte de sons de parole étendue à l'ensemble de la séquence phonologique à produire. Ce processus impliquera la partie postérieure du sulcus frontal inférieur. Il y aura, en parallèle, la gestion des propriétés globales de la séquence telles que son rythme, l'accent tonique, etc., prise en charge par des aires à proximité directe de l'aire motrice supplémentaire.

L'articulation de parole ainsi programmée ne se limite pas au lancement de programmes moteurs sur le mode d'un pilote automatique. En même temps qu'il articule, le système contrôle ce qui doit être articulé et ce qui a été effectivement articulé. C'est le contrôle dit par rétroaction ou, en bon anglais, *feedback*.

Cette rétroaction est basée sur des attentes, de deux types : des attentes auditives et des attentes somato-sensorielles. Les premières sont les sons qui sont censés être produits ; les deuxièmes sont les sensations corporelles que l'on est censé ressentir par la position et les mouvements des articulateurs. L'existence de ces deux attentes doit être comprise comme la définition de ce que la personne qui parle veut obtenir : non seulement certains sons, cela paraît évident, mais aussi certaines sensations corporelles des articulateurs qui guideront la prononciation.

Ces attentes, ou cibles, sont activées en même temps que les cartes de sons de parole et les commandes motrices. Elles sont comparées à l'état auditif et l'état somato-sensoriel effectivement advenu au moment de l'articulation. Toute déviation de la trajectoire prévue sera ainsi détectée et pourra être corrigée. Ici aussi, l'implication d'un réseau d'aires corticales frontales et en partie temporales ainsi que des aires sous-corticales réalise cette fonction de contrôle par rétroaction.

Au-delà de tous les détails anatomo-fonctionels, une spécificité notable de ce modèle est de faire des prédictions quantitatives à la fois sur l'activité cérébrale et sur les mouvements mêmes de l'articulation, deux types de variables qui peuvent être mesurées expérimentalement. Ce modèle a aussi la particularité d'être construit à partir d'un processus explicite d'apprentissage. Le modèle ne « connaît rien » au début de son fonctionnement. Il est programmé pour commencer par une phase de simulation de babillages, les prononciations approximatives et exploratoires des bébés. Grâce à ses boucles de contrôle par rétroaction déjà décrites, un processus d'apprentissage peut avoir lieu jusqu'à ce que les mouvements simulés par le modèle correspondent de façon assez fidèle à ceux que ferait un adulte, au point qu'on puisse faire « parler » le modèle à voix haute.

Certains aspects de l'architecture du modèle de l'articulation ne diffèrent pas beaucoup de celle du modèle cognitif de la lecture mentale présenté plus haut. Il s'agit dans les deux cas d'un programme d'ordinateur qui manipule des valeurs numériques. La différence cruciale est comment ces valeurs dépendent les unes des autres et ce qu'elles représentent, ici les niveaux d'activation des différentes aires cérébrales impliquées, les trajectoires des articulateurs dans l'espace, la parole simulée. Les valeurs quantitatives ainsi définies sont comparées aux données issues de mesures expérimentales pour ajuster le modèle et estimer son degré de validité dans différents contextes d'articulation. Des modèles suffisamment efficaces et détaillés peuvent fournir un point de départ pour des réflexions et interventions dans les domaines des apprentissages ou de la pathologie.

*

Un modèle est une proposition d'explication. Nous avons survolé quelques exemples représentatifs. Les modèles du traitement du langage discutés ici permettent d'expliciter les causes présumées de phénomènes linguistiques divers : la manipulation cognitive de connaissances des mots, le contrôle des mouvements nécessaires à l'utilisation du langage, les activités physiologiques cérébrales, etc. La formulation d'un modèle ayant une certaine validité constitue en soi un succès, obtenu au bout de quelques semaines, mois, années ou, parfois, au bout de toute une carrière universitaire.

Pour mener cette formulation, on peut commencer par décrire *verbalement* un mécanisme hypothétique et en dériver des prédictions ; elles ne seront pas nécessairement très détaillées mais elles devront pouvoir être testées expérimentalement. On obtient dans ce cas une théorie entièrement interprétable : les phrases utilisées pour décrire le mécanisme constituent l'explication. La transformation de cette théorie en une fonction numérique complexe, un modèle, permet de générer ou simuler plus en détail les phénomènes d'intérêt. Au cours de cette construction, le modèle doit être confronté aux données et il doit être confronté à d'autres modèles. On attend qu'il s'ajuste suffisamment bien aux données connues tout en étant capable de prédire les données à venir et qu'il s'ajuste mieux aux données que d'autres modèles qui seront alors récusés.

Ici comme ailleurs, la qualité de l'ajustement aux données s'équilibre avec la simplicité et même parfois avec l'élégance des mécanismes proposés. Plus la fonction proposée sera complexe, plus difficile sera l'interprétation de ses mécanismes. Dans les cas d'extrême complexité numérique, on aura plutôt une bonne simulation qu'une bonne explication. C'est dire à quel point, pour être entièrement satisfaisant, le modèle numérique doit se prêter à reboucler sur une description verbale théorique. Cet idéal n'est pas encore atteint. À ce jour, nous n'avons pas des modèles précis et interprétables de tous les phénomènes caractérisant l'utilisation des mots, mais les travaux réalisés ont permis d'assez bien cerner différents types d'explications utiles. Celles-ci, nous allons le voir, se situent à trois niveaux différents.

CHAPITRE 5

Trois niveaux de description

L'usage des mots se prête à différents types d'explications scientifiques qui sont complémentaires plutôt que concurrentes. L'approche fonctionnaliste en sciences cognitives fournit un cadre pour organiser les hypothèses et les données expérimentales en trois niveaux de description.

Pour jouer au football sur une plage ou un terrain vague, il suffit d'un ballon et de quatre vestes – ou quatre serviettes – qui indiqueront l'espace des deux cages. On forme les deux équipes, on lance le ballon et… c'est parti ! Sur un tel terrain de jeu, comme dans tous les autres, il faut bien sûr aller « droit au but ». Mais, en l'absence de limites claires, il peut être tentant de dribbler un adversaire coriace, un défenseur rugueux, en s'éloignant de plus en plus d'un côté ou de l'autre. On garde le ballon, certes, mais à mesure que l'on s'éloigne des cages les chances de marquer s'évanouissent.

Le même problème pourrait se poser pour une description de ce qu'est un mot et de comment on s'en sert. Il est intéressant de combiner diverses approches et différentes disciplines, mais le terrain conceptuel mal délimité peut s'agrandir au fur et à mesure qu'on l'explore. Tout début d'explication pourrait alors être dribblé par la perspective d'une discipline alternative ou les données d'une autre méthodologie. Il faudrait être un peu plus sûr *a priori* du but de la démarche. Dans le meilleur des mondes, avec toute la minutie expérimentale, toute la rigueur théorique et un peu de sérendipité, à quel genre de description voulons-nous arriver[1] ?

Nous développons une réponse dans le cadre de l'approche dite *fonctionnaliste* en sciences cognitives. Cette approche formule un cadre pour le type de description que l'on est en droit d'attendre – ou que l'on se doit d'atteindre… – lorsque l'on essaie de comprendre et de décrire un système matériel complexe qui traite de l'information, par exemple un humain qui traite du langage. Une version de ce cadre théorique est formalisée clairement dans le livre *Vision* publié par David Marr en 1982, devenu une référence classique pour ces réflexions[2]. Le livre porte principalement sur le système visuel, mais la philosophie et l'approche développées dans le premier chapitre sont beaucoup plus générales.

Cette approche fonctionnaliste des systèmes complexes traitant de l'information s'articule en trois niveaux de description :

1	2	3
Computationnel	Algorithmique	Implémentation

Le niveau computationnel

Le premier niveau est dit « computationnel », un néologisme issu de l'adjectif anglais *computational*. Ce faux ami ne fait pas référence directement à des calculs ou à des *computs* de dates particulières. Computationnel désigne ici la description de la fonction remplie par le système étudié, autrement dit le problème ou les problèmes que ce système est à même de résoudre.

Un exemple paradigmatique de problème computationnel est la reconnaissance d'objets. Nous reconnaissons quotidiennement un grand nombre d'objets de notre environnement, généralement sans grandes difficultés. Pourtant, même dans les situations les plus simples, les variations de lumière naturelle, les ombres et les reflets, l'occlusion de certaines parties par d'autres objets, etc. vont déformer et complexifier l'image que nous recevons de l'objet à reconnaître. Il y a donc bien un problème (computationnel) à résoudre pour passer de l'image reçue déformée à la sensation de reconnaissance d'un objet perçu intègre.

Ce problème computationnel a une version propre aux mots : la reconnaissance de l'objet visuel « écriture ». L'écriture manuscrite peut être plus ou moins soignée, plus ou moins liée ou détachée, penchée en avant ou en arrière, etc. Ces caractéristiques du mot écrit sont directement reflétées dans la projection bidimensionnelle produite sur les pixels d'une photographie de l'écrit ou dans l'activité neurale d'une rétine qui le regarde. La myriade de variations de formes constatées fait qu'il est impossible d'associer chacune des 26 lettres de l'alphabet avec un arrangement spécifique de pixels sur la grille bidimensionnelle de la photo ou de la rétine. Clarifions que le blâme ne porte pas sur les écritures illisibles en pattes de mouche. Même des écritures très lisibles seront différentes entre elles, et ces écritures verront la forme des lettres s'adapter à leurs contextes. Nous identifions ainsi un problème à résoudre concernant l'utilisation des mots : établir l'association entre, d'une part, une grande variété de formes visuelles et, d'autre part, une collection limitée de lettres et de combinaison de lettres – les mots écrits. Nous pourrions revenir sur les détails du chapitre précédent, notamment les étapes intermédiaires de cette fonction d'association, mais l'essentiel ici est que les premières étapes illustrent ce qu'est un problème computationnel de « catégorisation[3] ».

Les problèmes computationnels posés par la lecture d'écriture manuscrite ne se limitent pas à la reconnaissance des lettres. Avec les mêmes stimuli, et selon les détails de l'objectif à atteindre, on peut avoir à retrouver la prononciation des mots, en comprendre le sens, reconnaître l'identité de la personne ayant écrit, etc. Nous sommes capables d'extraire un grand nombre d'informations d'une trace écrite. Certains se sont même donné le problème computationnel de déduire à partir de la trace écrite certains traits de personnalité… Il semblerait que les liens entre écriture et personnalité ne soient pas aussi stables qu'on a pu le proposer initialement, ce qui a compromis la validité empirique de la graphologie[4].

Plus généralement, l'utilisation des mots nous confronte à de nombreux problèmes computationnels. Un autre exemple classique est l'attribution de rôles et de relations aux mots d'une phrase. Les phrases se présentent à nous comme des séquences de mots ; cependant, leur décodage ne repose pas (seulement) sur un traitement séquentiel mot à mot. Dans « le fils de la voisine est timide », nous comprenons que la timidité est attribuée à l'enfant, pas à la mère, alors même que nous avons lu la séquence « la voisine est timide ». Dans « le chemisier de la voisine est vert », nous ne sommes pas gênés de lire « la voisine est vert ». C'est par ce que les phrases ne sont pas de simples séquences d'unités adjacentes. Elles sont ainsi faites que leur compréhension demande de manipuler des structures connectant des unités non adjacentes. Une solution à ce problème a été formulée au niveau computationnel en termes de structures et règles syntaxiques qui seraient connues de celles et ceux qui utilisent une langue[5]. Cette connaissance implicite, souvent inconsciente, permet la manipulation des structures de sorte que le problème computationnel de la compréhension des énoncés trouve une résolution explicite.

Une propriété cruciale des structures syntaxiques, par exemple le syntagme nominal « la voisine », est la possibilité qu'elles ont d'être enchâssées dans une structure plus vaste de même type – le syntagme nominal « le fils de la voisine » – ou de type différent – le syntagme verbal « rencontrer la voisine ». Comme « le fils de la voisine » est lui aussi un syntagme nominal, il peut à son tour être enchâssé – « un chat qu'a adopté le fils de la voisine », plus compliqué mais toujours nominal. En généralisant, nous arrivons à une sorte de principe des poupées russes. Cet aspect de la manipulation des structures syntaxiques est désigné par le terme de « récursivité ». Des enchâssements complexes avec des dépendances distantes peuvent être compris sans trop de difficultés.

> « Le chemisier que la voisine avait reçu pour son anniversaire l'année dernière n'est plus vert car il a déteint »

est une formulation un peu lourde mais valable. S'il avait été question d'une blouse, nous aurions plutôt dit « verte » :

> « La blouse que la voisine avait reçue pour son anniversaire l'année dernière n'est plus verte car elle a déteint. »

Ces exemples montrent comment les règles syntaxiques nous conduisent à rattacher cette partie finale de la phrase au premier nom qui y apparaît.

La construction et le décodage de structures plus ou moins simples sont des problèmes incontournables qui doivent être résolus dans l'usage de n'importe quelle langue naturelle. De façon collatérale, ces structures contribuent au style et peut-être même au sens que nous donnons à nos propos. Nous pouvons utiliser des tournures simples, ou plus ou moins amphigouriques, mais à pousser trop loin la complexité ou l'éloignement des composants on court le risque d'atteindre les limites du système qui assure la manipulation des structures. Dans l'exemple ci-dessus, la phrase avec « blouse » est plus difficile à décoder que celle avec « chemisier » ; en raison de l'éloignement et de la coïncidence de genre grammatical féminin, on peut être tenté de comprendre que « elle » désigne « la voisine », comme c'est parfois le cas :

> « La blouse que la voisine avait reçue pour son anniversaire l'année dernière n'est plus verte car elle l'a teintée. »

Ces difficultés variables de compréhension révèlent que la computation syntaxique n'est pas juste formelle, elle est contrainte par nos capacités mnésiques.

Un autre exemple de problème computationnel résulte de la structure qui se trouve à l'intérieur de beaucoup de mots. Pour illustrer ce point, prenons un exemple géographique. J'ai eu la chance de visiter en famille plusieurs pays européens. Au Danemark, nous avons loué des vélos qui avaient beaucoup plu à mon fils de 7 ans. Avec enthousiasme il s'était exclamé : « J'adore ces vélos danemarkais ! » Cet adjectif n'existe pas, nous ne l'avons jamais utilisé et on se demande s'il ne l'a jamais entendu quelque part. Il faut donc conclure qu'il a inventé « danemarkais ». Inventé d'accord, mais inventé comment ? Nos destinations antérieures fournissent une piste claire : la France, la Hollande et l'Écosse, où l'on trouve des vélos français, hollandais, écossais. Danemarkais est une surgénéralisation, l'application d'une règle pour la construction d'adjectifs à partir du nom de certains pays : ajouter « -ais » à la fin du nom de pays. Cette règle fournit une solution, raisonnable mais localement inadéquate, au problème computationnel d'exprimer une idée (« qui est propre au Danemark ») lorsqu'on ne connaît pas de mot permettant de le faire. Cette disposition à identifier des analogies à travers les mots et leurs relations est très utile pour apprendre les mots car ces analogies fonctionnent souvent efficacement – sauf pour les exceptions, bien sûr. Si nous maîtrisons les analogies, les règles qui en découlent peuvent servir à déchiffrer de nombreux verbes conjugués, les différents mots d'une même famille et plus généralement les structures morphologiques, c'est-à-dire la structure des mots en préfixes, suffixes, racines, etc. C'est là un problème computationnel non plus de catégorisation mais de « généralisation » ; et l'on pourrait préciser : de « généralisation contrôlée[6] ».

Ainsi, l'utilisation des mots peut être décrite comme une succession de résolutions de problèmes de différents types : catégorisation, récursion, généralisation, etc. Certains problèmes se formulent simplement. Pour utiliser un verbe, il faut savoir le conjuguer. D'autres sont plus compliqués. Pour être bilingue, il faut savoir transformer le code d'une langue dans le code d'une autre langue, un problème computationnel que l'on ferait peut-être bien de diviser en problèmes plus élémentaires concernant les structures, les mots, la prononciation, etc. Bien cerner les structures verbales qui sont impliquées dans chaque situation, le type de manipulations qu'elles demandent et les contraintes et paramètres qui les contraignent est central pour arriver à une description complète de l'usage des mots. Cette formulation en termes de problèmes à résoudre décrit donc une des trois dimensions du terrain de jeu délimité par l'approche fonctionnaliste du langage en sciences cognitives : la description computationnelle.

Le niveau de l'implémentation

Le troisième niveau de description d'un système complexe traitant l'information, au sens de David Marr, est celui de l'implémentation. Nous enchaînons du premier au troisième, car le troisième est conceptuellement plus simple que le deuxième. Ce troisième niveau fait référence au substrat matériel qui permet la résolution des problèmes computationnels décrits ci-dessus. Nous avons déjà souligné le caractère physique des mots, il est donc naturel de s'atteler assez rapidement à ces aspects matériels.

Revenons au football. Imaginons le cerveau comme un stade, où chaque neurone est un supporter – et inversement[7]. Rendons-nous à l'extérieur du stade lors d'un match important et écoutons. À la fin de la rencontre nous devrions pouvoir rapporter le nombre de buts marqués par l'équipe locale (intense clameur) et, parmi ceux-ci, ceux qui sont marqués par penalty (intense clameur deux fois, à deux ou trois minutes d'intervalle). Pour les buts de l'équipe adverse ce sera plus difficile. Les réactions des supporters extérieurs, moins nombreux, seront moins audibles, et la déception des supporters locaux risque d'être moins synchronisée que leur communion lorsque leur propre équipe marque. Ces mesures extérieures nous renseignent donc sur le score final, mais nous devons accepter un certain niveau d'incertitude.

L'activité sonore des supporters perçue à l'extérieur du stade lors d'un match peut être assimilée à l'activité cérébrale enregistrée lors de l'utilisation des mots. Les scientifiques et les médecins ont à leur disposition plusieurs méthodes pour mesurer l'activité cérébrale. L'électroencéphalographie (EEG) et l'imagerie par résonance magnétique fonctionnelle (IRMf) déjà citées sont sûrement les plus courantes. Ces méthodes ont en commun que leurs mesures sont faites par des capteurs situés à l'extérieur du crâne. Ils sont à même le cuir chevelu pour l'EEG et un peu plus loin, sur une « antenne » qui entoure la tête sans la toucher, pour l'IRMf.

Ces mesures de l'activité du cerveau faites à distance nous renseignent sur le fonctionnement neuronal au prix de quelques approximations. L'approche standard a consisté à déterminer si l'activité est plus ou moins intense – si le stade crie plus ou moins fort – dans une condition que dans une autre. Elles permettent de dire que la parole est traitée dans telle ou telle partie du cerveau, à tel ou tel moment, mais ce n'est là qu'un début de réponse. En plus de savoir par où le langage passe, il faudrait comprendre ce qui se passe là où il passe. Pour avancer, revenons encore au football. L'évaluation sonore du résultat du match ne nous dit pas comment l'équipe gagnante a gagné : a-t-elle bien joué ? méritait-elle de gagner ? etc. Pour nous renseigner là-dessus, nous pourrions faire le tour des bars qui diffusent le match et écouter les discussions animées entre supporters. Les avis seront souvent différents d'un groupe à l'autre : « nous avons beaucoup de réussite ce soir », « ils ont beaucoup trop de chance ce soir », « l'arbitre ne laisse pas jouer », « l'arbitre laisse trop jouer », etc. Une synthèse des argumentations de ces assemblées (qui ont vu le jeu en direct) nous rapprocherait d'une compréhension du déroulé du match lui-même.

Avec l'activité cérébrale, on peut mener des approfondissements comparables. Certaines analyses cherchent à décoder l'expression de telle ou telle « assemblée » de neurones pour mieux comprendre ce qu'il s'y passe. De multiples valeurs d'activités cérébrales venant de plusieurs localisations cérébrales ou de plusieurs moments dans le temps sont analysées conjointement. On cherche à établir comment elles covarient entre elles et avec les stimuli linguistiques utilisés. Détecter ces relations révèle les informations langagières véhiculées par la portion de signal analysée.

Dans certaines conditions contraignantes bien précises, des observations permettent d'identifier les paroles contenues dans des cerveaux sans rien « demander » aux propriétaires, en menant des analyses multivariées de l'activité cérébrale. Par exemple, on demande à une demi-douzaine de volontaires d'écouter des voyelles bien distinctes (/a/, /i/, /u/) pendant que leur activité cérébrale est enregistrée. Les données ainsi recueillies sont alors « classifiées » statistiquement. Un modèle mathématique « apprend » les activités associées à chaque voyelle puis il est en mesure de généraliser cet apprentissage à des occurrences de voyelle et d'activité cérébrale auxquelles il n'a pas encore été exposé. Suivant la même procédure, cette méthode permet de discriminer qui, parmi plusieurs locuteurs différents, avait prononcé les voyelles. Diverses études ont ainsi mis en évidence la possibilité d'établir des encodages et décodages entre un contenu linguistique et une activité neurophysiologique.

Cela est possible par ce que le signal de parole est une onde acoustique, c'est-à-dire une quantité d'énergie variable dans le temps. L'activité cérébrale suscitée par un tel stimulus est aussi une quantité variable d'énergie, non plus acoustique mais électrique. Les variations dans le temps de ces deux quantités d'énergie se ressemblent suffisamment pour qu'on puisse les mettre en correspondance et même pour que l'on puisse rejouer les sons entendus en les reconstituant à partir de la seule activité cérébrale. En tendant bien l'oreille on entend les mots dans ce signal reconstitué. Des mesures de similarité entre signaux – verbal et cérébral – permettent d'objectiver la performance de la méthode. Nous savons donc qu'en plus de s'activer plus ou moins, ces aires cérébrales s'activent de façon différente et suffisamment systématique selon le mot traité[8].

C'est absolument remarquable que l'on puisse décoder les paroles entendues, ou produites, par une personne à partir de sa seule activité cérébrale – que l'on puisse lire dans les pensées. Toutefois, pour bien comprendre la portée de ces observations, il convient d'en souligner deux limites actuelles. Dans l'état actuel des connaissances, le décodage linguistique de l'activité cérébrale est le plus robuste à la périphérie du système : les entrées sensorielles (par exemple, auditives) et les sorties motrices (par exemple, l'articulation). Ces activités sont les plus proches des propriétés physiques de la parole décodée (l'onde acoustique ou bien les mouvements d'articulation). Il n'est pas forcément étonnant que le décodage soit plus efficace là où l'activité à le plus de chances d'être *analogue* au signal externe. Cela dit, le langage comporte bien d'autres aspects plus abstraits. Des travaux en cours s'attellent à décoder des dimensions linguistiques telles que notamment les sens des mots, la structure des phrases, etc. Les progrès viennent plus souvent des avancées des méthodes statistiques du traitement des signaux cérébraux que de progrès dans la qualité du signal lui-même ou dans la théorie neurale sous-jacente[9].

Cela nous amène à un défi majeur auquel sont confrontés ces travaux : celui de savoir si le cerveau fait vraiment la même chose que ce que font les modèles statistiques. Montrer que l'on est capable de décoder l'activité cérébrale démontre que l'information linguistique est présente dans le signal, mais ne démontre pas que le cerveau effectue les mêmes opérations effectuées par les modèles statistiques. De plus, ce genre d'approche s'attelle à comprendre des activités cérébrales relativement intégrées, par exemple les variations d'activité de telle aire en fonction des stimuli. Comme lorsque nous faisions la tournée des bars, notre vision du match découlait d'un phénomène collatéral, les dialogues des supporters. Or ce sont les joueurs qui font le match, pas les commentateurs ; ce sont les neurones qui font le traitement d'information, pas le champ électrique qu'ils dégagent au passage. Comprendre le niveau d'implémentation demande une explication de la façon dont les neurones eux-mêmes se connectent, s'activent, s'échangent des informations, etc. Pour se porter à ce niveau de granularité, la théorie doit porter sur la structure neuronale, pas sur son activité intégrée dans de grands ensembles. Une théorie neurale du langage devrait se fonder sur une activité des neurones individuels. Les données, elles, doivent provenir de neurones individuels. Idéalement : que fait chaque joueur lorsque le cerveau utilise le langage.

Les enregistrements unitaires de neurones ne sont pas rares dans différentes espèces animales. Ils ont permis l'évaluation et le développement de théories neurales fonctionnelles très détaillées. Ces mêmes enregistrements sont exceptionnels chez l'humain puisqu'ils demandent d'introduire des électrodes à l'intérieur même du cerveau. Cela se fait parfois pour le diagnostic et le traitement de certaines pathologies, par exemple certaines épilepsies ou la maladie de Parkinson, à l'aide de mesures de l'activité *in situ* avec une grande précision. Il faut préciser que toutes les électrodes utilisées en médecine n'enregistrent pas des neurones unitaires, mais certaines le font. Des études menées en marge de procédures médicales de ce type, dans un cadre médical, scientifique et éthique rigoureux, ont révélé certains aspects du traitement linguistique. Par exemple, on a identifié des neurones qui sont sensibles à un lien linguistique bien particulier entre le mot et son sens, que l'on peut rapprocher de la distinction classique entre signifiant et signifié proposée par Ferdinand de Saussure. On a aussi pu observer la réaction de neurones individuels à des caractéristiques très précises des sons de paroles comme, la façon dont ils s'articulent ou bien dont ils se différencient les uns des autres[10].

Mais attention, l'activité neurale, aussi précise soit elle, n'est pas le langage. Pour préciser ce point, faisons une dernière mention du match de foot. Nous avons désormais accès à des statistiques d'une précision étonnante concernant chaque joueur à chaque match : nombre de kilomètres parcourus, nombre de passes réussies, nombre de passes ratées, etc. Nous pourrions même avoir accès aux trajectoires parcourues en courant, aux lieux d'où ont été faites les passes, les shoots, etc. Ces statistiques vont nous éclairer mais à elles seules elles ne nous donnent pas à voir le jeu. Le « jeu » serait peut-être un système qui prendrait en compte les interactions entre les statistiques de tous les joueurs, mais aussi celles des adversaires, et qui serait assez détaillé dans le temps pour correspondre à la vitesse des échanges au cours du match. Une telle description commence à être un objet conceptuel assez complexe. Il commencerait à relier les activités individuelles (neurales ou footballistiques) au jeu lui-même c'est-à-dire aux stratégies et procédures mises en œuvre par chaque équipe afin de résoudre les deux problèmes qu'elle essaye de résoudre : marquer dans le but adverse, éviter de recevoir un but.

Notre description du niveau d'implémentation neurale est donc partie d'une vision très intégrée ou extérieure, dans laquelle certaines aires cérébrales, leurs lésions ou activités, indexent certaines fonctions linguistiques. Nous avons ensuite vu que l'on pouvait affiner cette vision en tenant compte de la variation d'activité (dans le temps ou dans l'espace) que l'on pouvait indexer non plus à des fonctions mais à des matériels linguistiques : telle voyelle, tel mot entendu, peut-être telle structure grammaticale, etc. Faisant un pas de plus, nous avons énoncé un objectif pour ce niveau de description : arriver à une théorie neurale du langage qui serait fondée sur une description de l'activité des neurones individuels. Il y a peu, et peut-être pas, de théories qui couvrent à l'heure actuelle tous ces niveaux de détail[11].

Le niveau algorithmique

Nous avons vu d'un côté des problèmes computationnels à résoudre – par exemple conjuguer des verbes – et de l'autre côté une implémentation détaillée du substrat matériel – un réseau de neurones interconnectés dont l'activité s'agrège en signaux cérébraux. Ces deux descriptions sont assez éloignées l'une de l'autre. Ce qui nous permet de les lier, dans l'approche fonctionnaliste en sciences cognitives, c'est la description intermédiaire de l'algorithme par lequel le substrat traite de l'information de façon à apporter une solution au problème computationnel.

Pour finir, donc, abordons le deuxième niveau de description d'un système complexe traitant de l'information. Ce niveau découle de la formulation des activités linguistiques comme des problèmes à résoudre. La solution apportée à chacun de ces problèmes est un algorithme qui détermine l'information disponible au départ – par exemple, une forme visuelle – et la traite pour arriver à l'information à laquelle on veut arriver – par exemple, avoir reconnu la lettre « A ». Nous parlerons de ce deuxième niveau comme le niveau algorithmique. La notion d'algorithme nous est familière, et pas seulement en raison de sa mention de plus en plus fréquente à propos des réseaux sociaux et autres dispositifs numériques. Prenons l'exemple d'une partie du jeu très simple du morpion, où l'objectif est d'aligner trois symboles identiques sur une grille carrée de neuf cases tout en empêchant l'adversaire de le faire. En fonction des cases déjà remplies nous allons typiquement raisonner considérant plusieurs choix, leurs conséquences un ou deux coups après, etc. Si nous connaissons la règle du morpion, ou du jeu « puissance 4 », ou des échecs, alors nous avons un algorithme, plus ou moins efficace assurément, pour la résolution du problème computationnel posé par le jeu : gagner la partie en suivant ses règles.

D'autres algorithmes peuvent être plus implicites. La résolution de multiplications repose sur des algorithmes qui sont, à partir d'un certain âge, relativement automatisés. Ces algorithmes ont un ancrage verbal, sinon linguistique, puisque nous avons appris par cœur les tables d'addition et de multiplication, comme nous apprenions des comptines ou des poésies. Cet exemple de la multiplication, donné par David Marr lui-même dans son premier chapitre, est riche de nombreux enseignements.

Pour résoudre une multiplication posée, entre 73 et 26, nous avons appris à écrire un nombre au-dessus de l'autre, à calculer le produit de l'unité de celui du bas (6) par chaque chiffre du haut (3 puis 7), puis à calculer le produit des dizaines du bas (2) de la même façon en prenant soin de décaler vers la gauche le résultat, pour finir en additionnant les deux produits pour obtenir le résultat final (1 898). C'est là un algorithme de résolution de problème.

		7	3
	x		
		2	6
	4	3	8
1	4	6	•
1	8	9	8

Il est intéressant de modifier la représentation des nombres pour en prouver la robustesse. Si l'on note les termes de la multiplication en chiffres romains – LXXIII et XXVI respectivement – le même algorithme chiffre à chiffre ne va pas marcher. (Vous pouvez essayer…) C'est par ce que les chiffres arabes et les chiffres romains ne codent pas les informations sous le même format.

D'autres méthodes de multiplication sont fondées non pas sur les représentations verbales des tables, mais sur des représentations motrices. C'est le cas des méthodes de calcul à l'aide de boulier, méthodes que l'on peut automatiser jusqu'à pouvoir se passer de boulier, la multiplication se faisant alors en secouant les doigts en l'air. Avec ces représentations, le problème à résoudre – et la solution – reste identique mais la séquence d'opérations à réaliser sera différente[12]. Libérer la composante verbale du calcul mental permet dans ces conditions de faire des opérations de calcul tout en parlant, sans s'emmêler les neurones.

Algorithme et représentations marchent donc ensemble. Ce type de description s'applique de façon fructueuse pour comprendre le fonctionnement du langage. Nous avons déjà exposé des algorithmes de traitement linguistique, sans leur donner ce nom. Le choix du mot juste dans le cas du bilinguisme s'appuierait soit sur un mécanisme d'inhibition de la langue non désirée, soit sur un mécanisme de suractivation en mémoire de la langue souhaitée. En simplifiant seulement un peu, disons qu'une représentation existe en mémoire pour chacune des deux langues qui sont connectées aux représentations des mots de chaque langue. L'information circulant entre ces représentations favorise l'une ou l'autre.

En plus de la langue appropriée, les bilingues doivent, comme tout le monde, choisir le mot juste. L'algorithme fréquemment invoqué indique que le message, l'idée à communiquer active les représentations de différents mots proches par leurs sens et potentiellement appropriés. Voulant parler de mon animal de compagnie, j'activerai « chat », « félin », « Taïaut », « petit-chat », peut-être aussi « mammifère », et peut-être aussi d'autres mots dont on retrouve la trace dans certains lapsus : « chien », « souris », « tigre », etc. L'activation générée par ce message à communiquer sur les mots associés, combinée à des informations de contexte (son nom « Taïaut » sera-t-il compris ?), conduit à l'activation différentielle de candidats. On peut imaginer en plus un mécanisme de compétition ou d'inhibition se produisant entre les mots-candidats qui contribue à favoriser certains au détriment des autres. Un mécanisme de comparaison de l'activation en mémoire des mots possibles déclenche la sélection de celle qui est la plus active, généralement la plus appropriée notre propos. Cette sélection permet alors de récupérer d'autres propriétés telles que la prononciation et articuler la parole[13].

*

Notre démarche générale est donc basée sur cette distinction faite entre trois niveaux de description. Idéalement, pour chaque phénomène linguistique, nous aurions une description complète dans les termes de chacun de ces trois niveaux. Ce n'est malheureusement pas encore le cas. La distinction reste valable toutefois, et il est utile, parfois, lorsque l'on se débat avec tel ou tel phénomène, de prendre le temps de resituer les observations et les explications dans ces trois catégories. Ce n'est pas toujours évident…

Cette démarche a commencé par une définition contraignante du périmètre de notre terrain de jeu. Cela peut paraître utile au football, mais n'est-ce pas trop limitatif pour une entreprise scientifique ? Il se pourrait bien que le cadre fonctionnaliste se révèle faux. Peut-être n'y a-t-il aucun problème à résoudre pour employer les mots, ni d'algorithmes pour les résoudre. Sans attendre des preuves pour ou contre, on peut aussi ajouter que, tel que formulé ici, ce cadre laisse sûrement de côté de nombreuses perspectives sur le langage : la rhétorique, la poétique, la sociolinguistique, etc. Pour répondre à ces commentaires, on peut s'appuyer sur les épaules de deux géants. Jouer avec trois niveaux de description comme avec trois galets sur la plage, en négligeant le vaste océan, donne une chance de mieux comprendre et de mieux décrire les galets, leurs propriétés et surtout leur pouvoir explicatif. Au fur et à mesure que les connaissances s'accumuleront, la plage de nos savoirs sur les mots s'agrandira. Mais l'océan de l'ignorance s'agrandira toujours beaucoup plus vite que la plage du savoir. Il est donc important de définir un *périmètre de jeu* de temps en temps, par exemple avant de commencer la (seconde) partie[14].

SECONDE PARTIE

CHAPITRE 6

Découvrir ses premiers mots

À la naissance, on ne connaît pas les mots. Au cours des premières années de vie, les bébés vont de découverte en découverte. Leurs apprentissages sont guidés par quelques biais ou mécanismes instinctifs mêlant les contraintes biologiques à la structure de l'environnement verbal.

Premiers pas

Après la douceur ouatée du ventre maternel, les nouveau-nés se retrouvent immergés dans un formidable brouhaha verbal, n'en comprenant ni un mot ni un demi-mot. Rapidement, il va leur falloir affronter le paradoxe de la poule et l'œuf. « La poule et l'œuf » : Comment savoir qu'il n'y a pas de frontière de mots entre /l/ et /a/ dans /la/ puisque « la » est un mot, mais qu'il y a en une entre /l/ et /Ø/ dans /lØf/ puisqu'ici /lØ/ n'est pas un mot ? D'ailleurs, faut-il ranger les /Ø/ de « œuf » et de « le » dans le même panier ? Sans parler de la différence entre « poule et » et « poulet » qui n'existe (peut-être…) pas !

Ce paradoxe de l'acquisition du langage comprend notamment l'obligation d'apprendre les mots sans connaître les unités qui les composent tout en ayant besoin de connaître les mots pour déterminer les unités pertinentes. Heureusement, les bébés, qui sont assez ignorants, ne sont pas complètement naïfs, ni naïves. Les nouveau-nés ne réagissent pas au hasard aux stimuli verbaux qui les entourent. Dès leurs premiers jours de vie, les bébés distinguent la voix de leur mère d'autres voix féminines ayant pourtant des propriétés acoustiques similaires. Les bébés font aussi la différence entre la parole naturelle et la parole artificiellement jouée à l'envers. Les stimuli de parole jouée à l'endroit ou à l'envers possèdent la même complexité physique et de nombreux paramètres acoustiques en commun tels que les variations de fréquences ou les variations d'intensité ; mais passer de l'endroit à l'envers détruit les propriétés linguistiques. Ce sont vraisemblablement certaines de ces propriétés que les bébés utilisent pour discriminer ces signaux. Parmi d'autres prouesses, les bébés peuvent aussi discriminer entre elles des langues qu'ils n'ont jamais entendues sur la base de leurs propriétés rythmiques ; en français ce rythme est déterminé par la séquence de syllabes, en anglais ou néerlandais seulement par les syllabes accentuées[1].

Ces performances recrutent des réseaux cérébraux qui ont déjà nombre des caractéristiques des réseaux adultes[2]. Lors de l'écoute de stimuli linguistiques, les cerveaux des bébés s'activent de façon bilatérale mais, dès le premier trimestre de vie, l'hémisphère gauche montre généralement une plus grande activation que le droit, comme chez la grande majorité des adultes. Cette activation commence dans les aires auditives et se propage le long des aires temporales supérieures jusque dans les aires pariétales et frontales. Les aires auditives primaires réagissent de façon très rapide ; à mesure que le signal s'en éloigne, les activations varient plus lentement, signant peut-être l'intégration d'information sur des fenêtres temporelles de plus en plus étendues. Cette séquence spatio-temporelle est remarquablement similaire à celle des adultes, même si elle est plus lente chez les bébés. Au sein de ce réseau, les détections des différences déjà évoquées – changements de locuteur, changements linguistiques, etc. – sont associées à des activités cérébrales séparables qui préfigurent, elles aussi, le traitement en parallèle chez l'adulte des différentes informations contenues dans le signal de parole.

Bien qu'il soit difficile d'affirmer ce que bébé comprend exactement dans ces différentes expériences, il est bien établi que l'on peut savoir ce qu'il discrimine. Cela permet de délinéer les connaissances qui interviennent dans la perception de ces stimuli et de déduire les représentations qu'ils activent.

Les bébés ayant entre 3 à 4 jours et 3 à 4 mois peuvent nous renseigner sur leurs représentations mentales mais seulement dans certaines conditions… par exemple, dans des expériences de succion non nutritive. Le nouveau-né reçoit une tétine dotée d'un microcapteur de pression qui retranscrit en continu l'intensité de la succion appliquée. Le taux de succion de bébé au repos est mesuré pour servir de référence. Une fois que ce taux de succion est stabilisé, on présente un premier stimulus (linguistique). Si la succion augmente, on considère que bébé perçoit et s'intéresse au stimulus. Cet intérêt se poursuit jusqu'à ce que, invariablement, le taux de succion redescende et signale qu'une habituation, un ennui, commence. On présente à ce moment-là un deuxième stimulus. Bébé peut alors soit augmenter à nouveau son taux de succion soit continuer au ralenti. Dans le premier cas, l'augmentation est interprétée comme une excitation liée à la détection d'un changement. La présence de cette augmentation indexe la capacité de bébé à distinguer entre le premier et le deuxième stimulus. Dans le deuxième cas, le maintien ou la baisse de l'intensité de la succion indique une absence de changement du point de vue de bébé, c'est-à-dire une absence de discrimination : bébé classe les deux stimuli dans la même catégorie. Par exemple, si le premier stimulus est la voix d'une femme inconnue, le deuxième pourra être la voix d'une autre femme inconnue ou bien la voix de la mère de l'enfant. Les données issues de ce contraste révèlent une reprise de succion significativement plus forte avec la voix maternelle. Il en va de même pour les autres contrastes linguistiques déjà cités précédemment[3].

Le comportement et le cerveau des bébés semblent révéler une éminente disposition pour le langage. Cette disposition comprend des connaissances – ou une propension à acquérir des connaissances – qui pourraient être en partie innées ou en partie acquises au contact des stimuli verbaux. Cette question de l'inné et de l'acquis est fort complexe... Nous la contournerons pour l'instant sur la pointe des pieds, tout en signalant le fait indiscuté que la connaissance des mots ne peut quant à elle pas être innée. Les formes des mots sont très arbitraires et diffèrent d'une langue à l'autre. Par exemple, le son « chou » désigne un légume en français et une chaussure en anglais.

Les mots sont donc nécessairement appris. Il faut pour cela déchiffrer le signal continu de parole. Les bébés y arrivent à l'aide de différents mécanismes cognitifs. En tout premier lieu, de nombreuses expériences indiquent que les bébés perçoivent la parole à l'aide d'un code qui les aide à découper les flux verbaux qui les entourent.

Trouver les codes

Considérons la distinction entre les mots « bain » et « pain ». Leur différence est parfaitement audible et non ambiguë pour des francophones enfants ou adultes, et elle est tout aussi claire dans les autres mots qui contiennent soit /b/, soit /p/, soit les deux : « Barbapapa » n'a rien à voir avec « Parpababa » ! Les phonèmes /b/ et /p/ sont deux catégories du code linguistique en français, plus précisément du code *phonétique* du français. Pour évidente qu'elle soit, la distinction entre ces catégories /b/ et /p/ tient à une infime différence acoustique. Les cordes vocales vibrent une ou deux dixièmes de seconde plus tôt dans « bain » que dans « pain », produisant un faible buzz – le terme technique est « pré-voisement » – qui permet de distinguer les phonèmes l'un de l'autre.

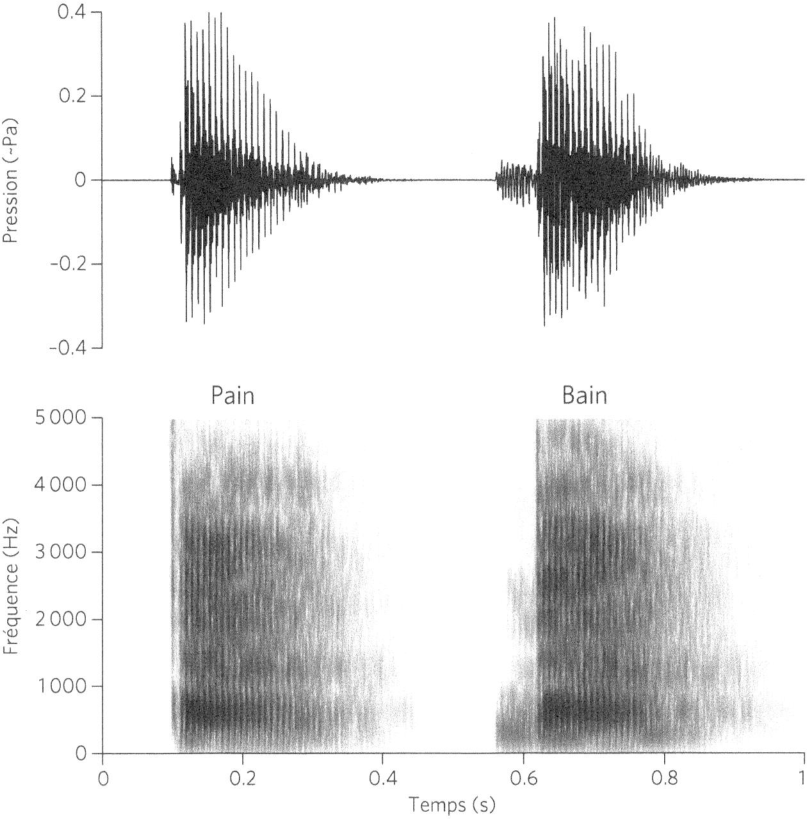

Figure 10. Enregistrements de prononciations des mots « pain » et « bain ». Ces mots sont clairement distincts à l'écoute. La principale différence acoustique entre eux tient en quelques centièmes de seconde : comparer le relatif silence vers 0,1 seconde à la vibration vers 0,6 seconde. (Le graphe du haut est à deux dimensions : temps en abscisses et amplitude acoustique en ordonnées ; le graphe du bas est à trois dimensions : temps en abscisses, fréquence sonore en ordonnées et intensité de la fréquence sonore en niveaux de gris. Ces propriétés sont décrites plus en détail au chapitre suivant.)

(Figure produite par l'auteur grâce au logiciel Praat [Boersma et Weenik, 1992, 2023] : https://www.fon.hum.uva.nl/praat/)

Le codage très fin de cette propriété dans le système perceptif peut être démontré dans des expériences où l'on manipule la durée du pré-voisement dans une sorte de morphose (en anglais, *morphing*). Partant d'un stimulus « bain », on fabrique des stimuli où le pré-voisement est raccourci de 10, 20, 30 %, etc., jusqu'à arriver à un stimulus où le pré-voisement est tellement court qu'il s'agit indiscutablement d'un stimulus « pain ». Les chimères acoustiques ainsi créées entre « bain » et « pain » font-elles entendre l'un des deux mots, les deux en même temps, un mélange méconnaissable ? Le phénomène est robuste : on entend systématiquement « bain » pour les plus grandes valeurs de pré-voisement jusqu'à une valeur intermédiaire, une durée suffisamment courte du pré-voisement, à partir de laquelle on entend invariablement « pain ». Ces observations établissent que les percepts (ce que l'on entend) et l'acoustique (les attributs physiques) des stimuli ne sont pas commensurables entre eux. Le cerveau force chaque stimulus dans l'une des deux catégories qu'il connaît. Les différences de durée de ce pré-voisement conduisent à deux catégories (en français), parfois à trois (en thaï), ou même à quatre (en hindi où il y a deux durées combinées à deux modes de pré-voisement, aspiré ou pas).

Ainsi, les propriétés acoustiques sont codées d'une façon propre à chaque langue. Les adultes connaissent le code de leur(s) langue(s), mais pas celui des langues qui leur sont inconnues. Qu'en est-il des bébés ? La connaissance de ce code a pu être testée chez des bébés âgés de 1 à 4 mois. Dans des expériences de succion non nutritive, on recueille leurs réactions à des changements d'un « bain » à un « pain », ou bien à des changements d'une forme intermédiaire à une autre. Les bébés discriminent les stimuli de part et d'autre d'une valeur de référence, sorte de « frontière catégorielle », plutôt que sur la base d'une plus ou moins grande distance acoustique : comme les adultes. À la différence des adultes, toutefois, les bébés distinguent des catégories qui ne font pas partie du répertoire de leur environnement linguistique. Par exemple, même dans un environnement francophone, leurs discriminations révéleront plus de deux catégories de voisement (comme en thaï)[4]. Il est impossible de tester tous les contrastes des langues du monde avec des bébés issus de toutes les communautés linguistiques, mais les données recueillies jusqu'ici établissent le consensus empirique que la perception catégorielle en début de vie est universelle : les bébés distinguent tous les phonèmes possibles.

Cette omniscience phonétique instinctive des bébés mérite une petite pause. Est-ce que ce bagage cognitif est l'ingrédient secret permettant d'apprendre à utiliser la parole et le langage, nous distinguant ainsi de tous les autres animaux ? C'est ce que l'on a proposé, en accord avec les théories nativistes, jusqu'à ce qu'il soit montré que cette perception catégorielle n'est pas « le propre de l'Homme » ou de l'humain. D'autres mammifères tels que des singes (les macaques) et des rongeurs (les chinchillas) montrent des capacités de perception catégorielle, à des frontières similaires[5]. Ces préférences des systèmes cognitifs d'espèces diverses pour certaines frontières sont vraisemblablement le reflet évolutif des propriétés acoustiques des environnements, qui sont elles-mêmes contraintes par les propriétés physiques d'objets qui produisent la diversité des sons naturels[6]. Les détails de cette chaîne causale entre l'acoustique et la psycho-acoustique mise en place par l'évolution restent à préciser. Mais, même sans ces détails, il est clair que la perception catégorielle des frontières phonémiques n'est pas à elle seule la compétence instinctive qui engendre le langage de façon exclusive chez les humains.

Mais revenons à nos bébés… Leur compétence universelle a disparu chez les adultes. C'est par ce que leur bagage cognitif initial va être façonné par la façon dont le langage est utilisé dans leur environnement. Chaque prononciation entendue de « bain », par exemple, est différente des autres, et de même pour « pain ». Cela génère une distribution de caractéristiques physiques réalisées pour « bain » (et pour « pain », et pour etc.), notamment une distribution des durées possibles du pré-voisement. Les bébés sont capables de traiter et d'engranger des connaissances à partir de ces régularités. Cela les conduit à identifier quelle frontière de durées du pré-voisement leurs frères, sœurs, parents, etc. (dans l'exemple, des francophones) tendent à utiliser pour signifier l'un ou l'autre objet, le bain ou le pain, ainsi que la différence entre toutes les autres instances de /b/ et de /p/. Cette identification s'accompagnera de l'oubli progressif des frontières connues originellement mais qui manifestement ne correspondent pas à des différences pertinentes dans l'environnement, parce qu'elles ne cooccurrent systématiquement pas avec des choses ou des événements distincts. Vers la fin de la première année de vie, la perception catégorielle commence à être façonnée par l'environnement linguistique. Le comportement de succion et les électroencéphalogrammes des bébés montrent leur capacité à détecter les frontières acoustiques propres à leur langue ; mais plus celles qui n'y ont pas cours[7]. En somme, l'apprentissage des composants des mots se fait au détriment d'une connaissance universelle. Les contrastes inutilisés s'estompent, ceux qui sont culturellement pertinents se maintiennent. Les bébés ne gardent que les codes, le répertoire phonémique, qui sont nécessaires et suffisants pour comprendre les paroles qui les entourent.

La consolidation des frontières catégorielles propres à la langue s'appuie donc sur un apprentissage de régularités statistiques présentes dans l'environnement linguistique. Cette sensibilité aux distributions est très générale et constitue un puissant mécanisme d'apprentissage. Il est à l'œuvre de diverses manières dans la cascade d'événements qui conduit l'acquisition du lexique.

La perception catégorielle permet de passer du signal acoustique continu à une séquence d'unités linguistiques discrètes : /b/, /p/, /ɛ̃/, etc. Mais ces séquences ne sont pas encore la solution du problème. Elles posent le défi majeur de segmenter aux bons endroits le flux continu de parole afin d'identifier des unités plus grandes qui s'y trouvent : syllabes fréquentes, mots de la langue, expressions figées, etc.

Un exemple hypothétique de ce défi concernerait le bébé d'un certain Jean-Philippe. Dans cette famille, la syllabe /ʒɑ̃/ est fréquemment suivie de la syllabe /fi/, puisque cette séquence désigne le prénom du père. La probabilité de transition de /ʒã/ à /fi/ est donc très élevée dans les paroles entendues par bébé – même si pas égale à 1 puisqu'il arrive que l'on dise « gentil », « j'entends » ou bien « j'en veux ». En revanche, la syllabe /fi/ pourra être suivie de nombreuses syllabes différentes : « Jean-Phi dort », « Jean-Phi joue », « Jean-Phi chante » et même « Jean-Philippe ». La transition très probable d'une syllabe à une autre (de /ʒã/ à /phi/), ou bien d'un phonème à un autre, va être identifiée par le bébé comme stable et, pour cette raison, se produisant vraisemblablement à l'intérieur d'un mot. Au contraire, les transitions ayant des probabilités faibles (par exemple de /fi/ à « X ») signaleront plus sûrement, même si pas certainement, des frontières entre des mots distincts.

La version expérimentale de cet exemple hypothétique est très célèbre. Il se trouve que dès 7 mois les bébés identifient et mémorisent des régularités dans les probabilités de transitions d'une séquence acoustique. En moins de trois minutes ! Dans l'expérience originale, on a présenté aux bébés une séquence acoustique de syllabes de synthèse, toutes produites sur le même ton et à la même cadence, quelque chose comme :

> daropitibudopabikugolatudaropipabikutibudogolatupabikudaropi tibudogolatutibudo...

La manipulation expérimentale portait sur les probabilités de transition d'une syllabe à l'autre. Une lecture (ou écoute) attentive révélerait la récurrence de certaines séquences

> daropi-tibudo-pabiku-golatu-daropi-pabiku-tibudo-golatu-pabiku-daropi-tibudo-golatu-tibudo

Comme chez Jean-Phi, dans ce flux /da/ est toujours suivi de /ro/ qui est toujours suivi de /pi/ ; les probabilités de transition entre ces syllabes sont de 1. En revanche, /pi/ peut être suivi de /ti/, de /pa/ ou de /go/ ; les probabilités de transition sont toutes égales à 1/3. Que pensent les bébés de tout ce charabia ?

Au bout d'une brève exposition, on les fait réagir à des stimuli composés de ces mêmes syllabes qui constituent des « mots » dans cette langue (par exemple /pabiku/) ou qui n'en sont pas (par exemple /tudaro/). Le comportement des bébés et leur encéphalogramme révèlent leur capacité à discriminer ces deux types de stimuli ; en schématisant, ils ne sont pas très surpris d'entendre /pabiku/ en isolation et ils sont bien plus surpris d'entendre /tudaro/. Cela est interprété comme une trace du début de l'apprentissage de /daropi/, /tibudo/, etc. en tant que mots possibles. On a poussé plus loin l'expérience en testant si les unités ainsi extraites sur des critères probabilistes pouvaient acquérir un sens. Cela semble être le cas. Après ce type d'apprentissage statistique, les bébés sont plus enclins à associer les « mots » que les « pseudo-mots » du langage artificiel à de nouveaux objets qu'on leur présente[8].

Au fur et à mesure de l'apprentissage, vers 12 mois et au-delà, les bébés ne se consacrent pas seulement à la régularité des petites unités (phonèmes, syllabes) mais aussi à la régularité des séquences extraites. Pour autant, il ne faudrait pas croire que les nouveau-nés commencent par affiner leur répertoire phonémique, puis enchaînent en identifiant les syllabes usuelles et que c'est seulement ensuite, armés de ce bagage, que débute leur apprentissage des mots. Tous ces apprentissages courent « en parallèle » à travers ces différents empans de régularité linguistique : phonème, syllabe, multisyllabes.

Que l'identification d'unités de différentes tailles – phonème, syllabe, multisyllabes – se fasse en parallèle signifie aussi que les répertoires à chaque niveau s'ajustent entre eux. La réalité physique des mots, leurs sons de parole, n'a de valeur linguistique qu'à travers le *code phonétique*. Ce code constitue donc un atout majeur, sûrement incontournable, pour apprendre les nombreux mots de la langue. En sens inverse, avoir identifié assez tôt le contraste lexical entre « pain » et « bain », savoir que ce sont *deux mots différents*, pourrait aider à la consolidation du contraste entre les catégories /b/ et /p/. Dans ce double apprentissage, les unités sous-lexicales contraignent l'apprentissage des mots et inversement.

Un sens pour chaque mot

Les premiers mots sont appris vers 6 mois. Ils ne sont souvent que des séquences phonologiques telles que « maman » ou le prénom du bébé, dont les formes sont très fréquentes, « pied » ou « banane » qui ont des sens très concrets. (Il se murmure aussi qu'un des mots les plus entendus et appris le plus tôt par les bébés est « non »...) Ces proto-mots peuvent être, mais ne sont pas nécessairement, associés à une signification[9]. L'acquisition du sens se fera à travers deux grands types de mécanismes : l'un très rapide et l'autre plus lent basés sur répétitions systématiques.

Il arrive aux bébés d'apprendre des mots instantanément, ou presque. Ce phénomène est permis par un mécanisme que l'on décrit sous l'anglicisme général *fast mapping* (« association rapide »). Le mécanisme s'appuie sur la connaissance préalable de la forme de certains mots, ou de la forme et du sens de certains mots.

Le fait de connaître un proto-mot consiste essentiellement à connaître une frontière plausible à son début et une autre à sa fin. Ces frontières sont bien identifiées et exploitées par les bébés. Des expériences ont établi comment l'apprentissage d'un mot inconnu (par exemple « sapon ») est plus facile lorsque ce nouveau venu est artificiellement adossé à un mot présumé connu (« bébésapon », « saponmaman », « sapon{le-prénom-du-bébé} ») que lorsqu'il est adossé à un mot vraisemblablement bien moins connu (par exemple « saponcarnet », « boulotsapon »). L'extraction de « bébé », de « maman » aide à identifier « sapon » comme unité pertinente là où « saponcarnet » et « boulotsapon » ne révèlent pas de façon aussi claire une frontière. Dans la vie de tous les jours, la connaissance de certaines formes, même sans leur sens, pourra aider bébé à segmenter des séquences complexes comme /səgɾɑ̃bebekiɾi/. Puisque « bébé » est un mot, alors un mot qui le précède finit à /ɑ̃/ et un autre commence à /k/: /səgɾɑ̃.bebe.kiɾi/. C'est un premier pas vers l'identification des autres mots de ce fragment : /sə/, /gɾɑ̃/, /ki/, /ɾi/[10].

La nouveauté peut aussi déclencher des associations lexicales. Dans une expérience de laboratoire, un bébé qui connaît déjà des mots et leur sens se trouve exposé à un nouveau mot en présence d'objets connus et aussi d'un nouvel objet. Bébé va associer le nouveau mot au nouvel objet de façon relativement aisée. Cette facilité pourrait découler d'un principe dit d'exclusion mutuelle, « principe » au sens où le système cognitif aurait un biais originel pour ne donner qu'un seul nom à chaque chose. « Puisque je connais déjà ces objets et que chacun a un nom que je connais, le nouveau mot doit aller avec l'objet que je n'ai jamais vu auparavant. » Ce principe est logiquement approprié pour construire de proche en proche un lexique et des résultats expérimentaux clairs s'interprètent facilement en sa faveur[11]. Mais il reste difficile d'exclure définitivement certaines explications alternatives, comme celles basées sur le caractère saillant, aux yeux de bébé, de toute nouveauté dans son environnement. La coïncidence de deux nouveautés (le mot et la chose) conduirait à les traiter ensemble et à les associer – sans avoir à exclure activement les autres options. Cette deuxième explication nous dispense de postuler un principe ou biais originel dédié à résoudre un problème spécifique tel que donner un seul nom à chaque chose (l'exclusion mutuelle).

Le mécanisme général d'association rapide que nous décrivons ne peut pas à lui seul expliquer comment sont acquises l'ensemble des nuances nécessaires à connaître un mot – le fait que « table » désigne en fin de compte des objets assez divers, et plus tard des concepts plus abstraits tels qu'une « table » de multiplication.

Si l'association rapide est maintenue en mémoire, elle sera enrichie et façonnée par les expériences ultérieures[12].

Cela nous amène au deuxième principe de l'acquisition des mots basé sur les répétitions systématiques. Nous avons déjà vu le rôle des régularités statistiques dans les transitions entre sons de parole ; ces régularités concerneront ici l'association entre les proto-mots (ou mots) avec leur sens : des objets, actions ou événements dans le monde de bébé. Un apprentissage a lieu au travers des différentes situations de vie où le proto-mot est entendu. Il s'étend progressivement sur plusieurs mois.

L'apprentissage à travers les situations repose sur la capacité à garder en mémoire – sous une forme ou sous une autre – la cooccurrence entre la forme verbale et son contexte concret. Par exemple, l'identification et la consolidation des sens respectifs des formes « pain » et « bain » s'appuiera sur le fait que la prononciation du premier est (suffisamment) souvent accompagnée de l'apparition ou l'ingestion de la spécialité boulangère, alors que la prononciation du deuxième conduit (assez) invariablement à se retrouver immergé dans de l'eau savonneuse.

Cette cooccurrence à travers les situations a été simulée dans des expériences de laboratoire. Une microsituation d'apprentissage est construite en présentant simultanément aux bébés un mot nouveau et plusieurs images. Le mot pourrait être le nom de l'un des objets imagés, mais lequel d'entre eux ? L'expérience se poursuit avec un enchaînement de microsituations d'apprentissage similaires : un mot accompagne plusieurs images. Ce qui est manipulé c'est la régularité de la cooccurence de chaque mot avec les images, en particulier avec une image spécifique qui est censée le représenter. Cette paire n'est jamais présentée seule, ce qui indiquerait de façon non ambiguë la correspondance ; pourtant, au bout de quelques essais, les bébés commencent à associer un mot avec l'image en question. Les bébés sont capables de détecter les régularités de cooccurence présentes à travers les événements de ces séquences. L'apprentissage des mots à travers les situations a bien lieu[13].

Une séquence expérimentale d'images présentée en laboratoire est sûrement plus ordonnée qu'un environnement usuel de bébé, comme la maison de jeunes parents, rangée à la hussarde entre les tétées, les changements de couches et les réveils nocturnes. Ainsi, un proto-mot entendu dans la vraie vie pourrait dans l'absolu correspondre à une myriade d'objets ou d'actions qui l'entourent. « Pain » pourrait en toute logique désigner la croûte, les miettes, l'action de porter à la bouche, le couteau qui coupe, la vaisselle qui traîne sur la table, etc. L'apprentissage du sens ne peut donc pas reposer exclusivement sur l'exclusion mutuelle ou les régularités statistiques de cooccurrence des mots et de morceaux du monde. D'autres contraintes sont à l'œuvre.

Par exemple, l'attention de bébé a vraisemblablement une portée moins étendue que celle des adultes, étant plus focalisée sur ce qui est d'intérêt immédiat ou bien dans le champ visuel le plus proche, etc. Cela facilite l'association du mot avec l'objet au centre de l'action plutôt qu'avec n'importe laquelle des alternatives logiquement possibles dans l'environnement proche[14].

Une autre contrainte qui agit sur l'apprentissage lexical concerne les attentes sur ce qui est susceptible d'être nommé. On observe par exemple que les bébés associent plus généralement les mots nouveaux à des objets entiers (par exemple un lapin ou une chaise) plutôt qu'à leurs parties (par exemple associer le son « lapin » seulement à ses oreilles, ou bien « chaise » seulement au dossier). De même, les associations sont faites préférentiellement entre un mot et un objet (fleur) plutôt qu'entre un mot et une propriété de l'objet (le fait qu'elle soit violette, jolie, etc.) Des données expérimentales montrent que les bébés généralisent plus volontiers sur la base de la forme des objets que sur la base de leur couleur (ou texture). Ayant appris un nouveau nom pour un nouvel objet, on présente aux bébés différents objets qui ont la même forme mais une autre couleur, ou bien la même couleur mais une autre forme ; leur préférence va généralement à la première de ces deux options. Cette tendance se manifeste de façon naturelle par un apprentissage plus précoce des noms que celui des autres catégories grammaticales comme les adjectifs. Cela est vrai pour toutes les langues étudiées à ce jour.

Régularités et syntaxe

La préférence pour les noms a pu être conçue comme une contrainte innée : une prédisposition à identifier les objets entiers. Cette préférence pourrait au contraire émerger du signal verbal, c'est-à-dire du traitement des mots qui entourent le plus souvent les noms communs. Les articles, parmi d'autres mots dits « grammaticaux », sont très fréquents, et ils apparaissent dans de nombreuses langues en début d'unité prosodique, ce qui facilite leur identification. Détectant d'une part quelques noms d'objets assez clairs et, d'autre part, le fait que ces formes sont souvent précédées de la syllabe « le » ou « la », les bébés auraient du grain à partir duquel généraliser. La parole segmentée après ce qui suit « le » ou « la » sera plausiblement interprétée comme le nom d'un objet du même type, entier au début puis des entités plus complexes ou contraintes plus tard. Des évaluations expérimentales du rôle de ces syllabes articles sont en faveur de ce mécanisme[15].

Les bébés ne sont pas seulement sensibles aux probabilités de cooccurrence d'unités adjacentes dans le flux de parole, ou d'unités verbales et objets ou événements. Des régularités non adjacentes vont être apprises elles aussi. Considérons la structure AXB où l'unité A est suivie par une unité quelconque X puis systématiquement par l'unité B. La stabilité de la relation A-B pourra être extraite dans certaines conditions favorables, par exemple pourvu que X soit suffisamment variable révélant ainsi la coïncidence de A et de B, pourvu que A et B se ressemblent un peu plus que par hasard signalant ainsi leur unité, etc. Ces dépendances à distance rappellent bien sûr certaines relations syntaxiques entre les mots, par exemple l'accord en nombre où le pronom joue le rôle de A et la terminaison du verbe le rôle de B : « Nous X-ons ». Des expériences ont été réalisées pour tester ces apprentissages avec des mots : noms accordés, verbes conjugués. Les réponses comportementales et électrophysiologiques des bébés indiquent une capacité à appréhender ces dépendances. Cela apparaît comme un premier pas pour construire une représentation syntaxique des phrases entendues[16].

L'apprentissage des régularités statistiques[17] est modulé par différents paramètres tels que la fréquence des unités, leur probabilité de transition, les dépendances non adjacentes, etc. Bien sûr, dans le langage naturel il n'y a pas des transitions qui soient aussi clairement distinguables que les 100 % contre 33 % de /pabiku/ et /tudaro/ dans les langages artificiels de laboratoire vus plus haut et qui, de surcroît, soient par construction les seules régularités présentes dans le stimulus. Toutefois il existe suffisamment de régularités pour qu'elles soient exploitables par les enfants pour l'apprentissage réel[18]. Certains modèles ont proposé que les régularités extraites de l'environnement parlé par les bébés fussent dictées par des contraintes innées, une sensibilité proprement humaine au langage. Toutefois, comme pour la perception catégorielle, ces interprétations ont été questionnées par la démonstration de phénomènes d'apprentissage statistique sophistiqué dans de nombreuses espèces animales n'utilisant pas le langage humain, par exemple les primates non humains, les rongeurs, les oiseaux chanteurs[19]. C'est qu'en effet, les processus qui sous-tendent ces apprentissages pourraient n'être en rien linguistiques.

L'apprentissage statistique est un phénomène qui révèle l'interface entre une mémoire à court terme, qui permet par exemple de se souvenir brièvement de /pa/ lorsque /bi/ est entendu juste après, et une mémoire à long terme qui stocke cette même information comme une unité fixe /pabi/, permettant ainsi son usage ultérieur. Deux mécanismes, qui cohabitent peut-être, ont été contrastés pour rendre compte de ce passage en mémoire à long terme[20]. Le premier met l'accent sur le calcul (implicite) des probabilités et de la régularité de cooccurrences. Cette étape serait nécessaire car c'est la connaissance des probabilités ainsi établie qui permet d'identifier dans le signal les unités pertinentes. Comme déjà décrit ci-dessus, des probabilités de transition élevées signalent plus sûrement des unités alors que des probabilités faibles signalent des frontières entre unités. Le deuxième mécanisme se passe du calcul de régularités ou probabilités de transition, au profit des simples occurrences des unités possibles. En gros, le signal est initialement découpé selon des critères qui ne sont pas issus du signal lui-même, mais par exemple divers découpages aléatoires du signal, ou bien à intervalles aussi courts que possible, etc. Ce découpage conduit à la mémorisation d'unités initialement arbitraires et en surnombre. L'exposition prolongée au signal va venir consolider, ou pas, les unités déjà extraites et connues du système. On peut évoquer un processus de sélection « naturelle » par le signal selon que les unités connues sont rencontrées à nouveau (souvent) ou pas.

Chronologie de l'apprentissage

La chronologie des différentes étapes de l'acquisition des mots n'a pas été présentée de façon très précise jusqu'ici. Ces étapes suivent pourtant un calendrier relativement rigide, observé peu ou prou à travers tous les contextes où il a été exploré. Récapitulons dans l'ordre les différents apprentissages, en nous centrant sur les mots[21].

Au cours de la première année de vie, les principales activités verbales des bébés sont de deux types : déchiffrer les paroles qui les entourent et explorer – progressivement contrôler – les vocalisations qu'ils émettent.

Concernant la compréhension, nous avons vu que dès leurs premiers jours de vie, les nouveau-nés sont capables de distinguer les contrastes phonétiques de toutes les langues (testées à ce jour). Les premières indications de la reconnaissance de mots, au moins de la forme à défaut du sens, sont observées vers 6 mois. Il peut s'agir de mots entendus dans l'environnement ou bien de mots présentés dans une expérience. Peu après, entre le 6ᵉ et 8ᵉ mois, émerge la capacité à apprendre des régularités statistiques : le fait que certains événements sonores sont plus fréquents que d'autres ou bien que certains enchaînements d'événements verbaux surviennent selon une plus grande probabilité. Cette sensibilité aux régularités statistiques s'accompagne d'une préférence accrue pour les structures propres à la langue : rythme de l'accent tonique, durées relatives des événements, séquences de sons présentes ou absentes, etc. C'est aussi vers le 8ᵉ mois que commence à rétrécir la perception catégorielle universelle, au profit d'une perception accordée à l'environnement linguistique qui sera bien en place vers 12 mois. Après le premier anniversaire, vers 14 mois, commence l'acquisition plus régulière de nouveaux mots qui s'accélère à partir du 18ᵉ mois.

Les valeurs données sont, bien sûr, des « moyennes » qui ont pu être observées dans divers laboratoires avec des enfants élevés dans des contextes linguistiques et culturels différents. La rigidité des étapes de ce calendrier fournit l'un des arguments forts pour dire que l'ancrage premier du langage est biologique, plutôt que culturel ou environnemental. Le cerveau est plus apte à apprendre certaines choses à certains moments, une observation faite pour le langage dans les premières années de vie, mais aussi dans de nombreux systèmes, surtout perceptifs, à travers de nombreuses espèces. Le système visuel des chats, la localisation des sons par les hiboux, le chant de certains passereaux se développent tous à des âges propres à l'espèce. Ce développement ne se fait pas tout seul. Outre la condition d'âge, un environnement suffisamment riche est nécessaire pour stimuler certaines activités cérébrales et déclencher les apprentissages. L'absence de stimulations ou des stimulations appauvries à cet âge ne sera pas, ou sera mal compensée par des stimulations plus tardives. Cela est facile à admettre lorsque l'on a pioché à l'âge adulte pour apprendre une langue seconde tout en voyant de jeunes enfants y arriver sans peine.

Les recherches sur l'animal ont éclairé les mécanismes neuronaux régissant l'ouverture et la fermeture de ces périodes dites « critiques » pour l'apprentissage. Les hypothèses actuelles sont formulées en termes moléculaires, en considérant explicitement les rôles possibles de divers types de cellules et neurotransmetteurs dont l'acide γ – aminobutyrique dit « GABA » impliqué dans les processus inhibiteurs.

Ainsi, l'ouverture d'une période critique pourrait être la conséquence d'un changement de l'équilibre entre activations et inhibitions dans certaines connexions neurales. Une suppression accrue des circuits impliqués dans des activés intrinsèques (internes au cerveau) favoriserait les circuits réagissant aux stimuli externes issus du système perceptif. Ce changement s'accompagnerait d'autres modifications induisant une plus grande plasticité des connexions, rendant l'apprentissage effectif. La fermeture de la période critique résulterait d'un processus actif, une sorte de frein moléculaire limitant la plasticité afin de préserver le fonctionnement des réseaux établis.

Les détails de ces mécanismes ne sont pas avérés chez l'humain. Mais quelques observations remarquables concernant les périodes critiques pour le langage suggèrent que s'exercent des contraintes de ce type. Des femmes enceintes souffrant de troubles dépressifs peuvent se voir prescrire certain psychotrope ; après la naissance, leurs enfants perdent la discrimination phonétique universelle quelques mois plus tôt qu'en l'absence du traitement. C'est peut-être par ce que les équilibres moléculaires du cerveau du fœtus ont été modifiés par le traitement suivi par la mère pendant la grossesse. Autre exemple : les bébés prématurés perdent cette même discrimination universelle au même âge de gestation (c'est-à-dire, mesuré depuis la date de conception) que les enfants nés à terme. Autrement dit, les bébés prématurés perdent la discrimination quelques semaines ou mois plus tard en âge chronologique (mesuré depuis la date de naissance) que les bébés nés à terme. Cela s'observe alors même que les prématurés ont été exposés à la richesse du langage en clair – hors du ventre maternel – quelques semaines ou mois de plus que les nés à terme. Le rôle des périodes critiques est aussi manifeste dans le contexte de surdités congénitales, par la façon dont les enfants s'adaptent à mise en place d'implants cochléaires visant à stimuler et habiliter leur système auditif[22].

Concernant la production, les nouveau-nés commencent par crier, gazouillent au bout de quelques semaines, babillent vers 7 mois, puis articulent leurs premiers mots vers 1 an. L'émergence de ce vocabulaire parlé peut être quantifiée objectivement afin d'étayer les anecdotes familiales. Des questionnaires précis, adaptés à de nombreuses langues, aident les parents à caractériser les productions de leur enfant. La base de données Wordbank, hébergée à l'Université de Stanford et consultable en ligne, compile un très grand nombre d'observations faites avec cette méthode dans près de 40 langues. Parmi les premiers mots produits, beaucoup se retrouvent à travers les langues (en français « papa », « maman », « coucou », « non », « bébé », « balle », etc.). Cela n'est pas surprenant, puisque les activités quotidiennes des bébés à cet âge se ressemblent fort à travers les cultures associées aux langues étudiées. Ces premiers mots sont suivis de près par d'autres, puis d'autres encore. Vers 16 mois, les enfants produisent en moyenne 25 mots différents.

Il est pertinent de retenir cette valeur de 25 mots à 16 mois, mais aussi le fait qu'il y a une grande variabilité. Les tailles de vocabulaire attestées dans la base de données à cet âge vont de 0 (!) à 493 (!!) mots. Si l'on exclut ces valeurs extrêmes, le premier quartile – les 25 % de tailles de vocabulaires les plus basses – s'arrête à 6 mots et le troisième quartile – les 75 % de tailles les plus hautes – commence à 27. Le nombre de mots connus passe donc, de 16 à 20 mois, de 6-25-27 mots à 37-117-192. À 2 ans, on est déjà à 100-215-303 mots[23]. Pour souligner cette variabilité, on peut remarquer que le seuil (arbitraire) de 200 mots est atteint entre 18 et 30 mois, c'est-à-dire un empan de variation de 17 mois. Par comparaison, la marche s'établit un peu avant, entre 11 et 14 mois, avec un empan de variation bien plus faible de 3 mois.

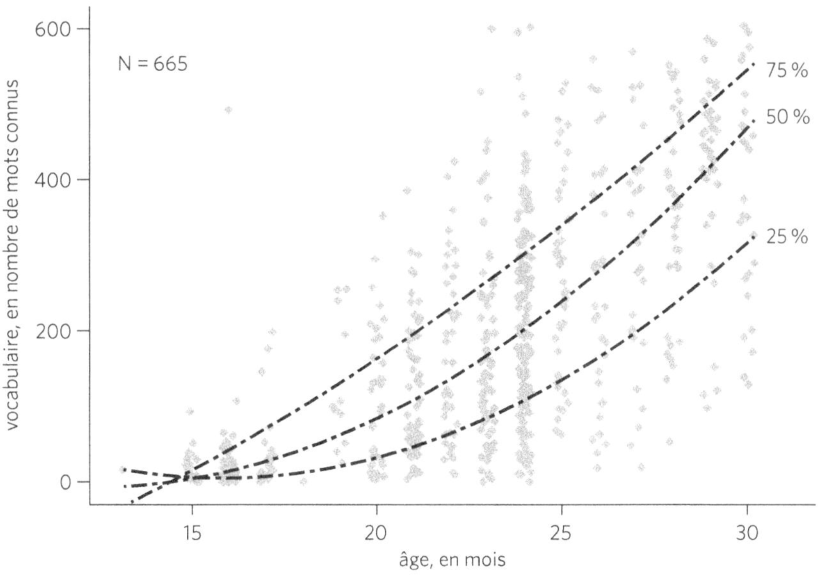

Figure 11. Nombre de mots connus au cours des 30 premiers mois pour 665 enfants. Chaque point représente un enfant ; les lignes pointillées estiment les quartiles à chaque âge. L'augmentation du vocabulaire s'accélère avec l'âge et il y a une grande variabilité : de quelques mots avant 15 mois à une dispersion entre 100 et 600 mots à 30 mois. Les données sont issues de la base de données Wordbank.

(Source : Frank et al., *2017, en particulier les données pour le français de France versées à la base par K. von Holzen et collaborateurs et par S. Kern.)*

La figure 11 illustre l'évolution exponentielle caractérisant l'avalanche lexicale que tout parent a pu observer, atteignant souvent plusieurs nouveaux mots par jour. La variabilité apparente n'est pas anodine. Elle découle sûrement de nombreux facteurs, allant du biologique au sociologique. D'après certaines estimations, le nombre de mots *entendus* par les bébés peut varier du simple au triple en fonction de la catégorie socio-économique des parents. Cette variabilité de contexte a une influence significative sur le nombre de mots connus et produits par les bébés, donc sur la quantité et la finesse de l'information verbale que leur cerveau traite et discrimine. En cascade, ces différences ont des conséquences sur le développement du langage, l'acquisition de la lecture, etc. C'est une très bonne idée de parler aussi souvent que possible à son bébé. C'est aussi vrai pour ses enfants, ses ados et son conjoint… car même si l'apprentissage des mots ralentit, il se poursuit tout au long de la vie[24].

Les jeunes parents sont souvent émerveillés par le langage de leur bébé. Puis, progressivement, les conversations sur les trouvailles lexicales de leur enfant s'estompent, sa maîtrise des mots et de la parole devient banale. Pourtant, le signal de parole n'est ni banal ni simple, même chez adultes qui le maîtrisent parfaitement.

CHAPITRE 7

« Paroles, paroles, paroles »

Les adultes qui maîtrisent une langue comprennent aisément les paroles qui leur sont adressées. Ces paroles sont au départ un signal acoustique multiplex qui doit être décodé selon différentes dimensions. Des problèmes de catégorisation et de segmentation des informations linguistiques pertinentes sont résolus à chaque instant.

Quelqu'un qui dirait les mots :

« C'était une belle journée d'août 1913 »

se ferait fort bien comprendre. Alternativement, on pourrait dire :

« On signalait une dépression au-dessus de l'Atlantique ; elle se déplaçait d'ouest en est en direction d'un anticyclone situé au-dessus de la Russie, et ne manifestait encore aucune tendance à l'éviter par le nord. Les isothermes et les isothères remplissaient leurs obligations. Le rapport de la température de l'air et de la température annuelle moyenne, celle du mois le plus froid et du mois le plus chaud, et ses variations mensuelles apériodiques, était normal. [...] La tension de vapeur dans l'air était à son maximum, et l'humidité relative était faible. »

Cette deuxième description ne serait pas parfaitement judicieuse dans tous les contextes mais, somme toute, elle décrirait les mêmes circonstances[1].

Avec la parole, il se produit quelque chose de similaire. On peut prononcer le mot « vedette » et se faire comprendre par quiconque parle le français et connaît ce mot. L'impression partagée est que cette compréhension se fera toute seule ; ce n'est pas tellement la parole à quoi nous avons l'impression d'avoir accès, mais plutôt au sens des mots tel qu'il se combine au sein de phrases. Alternativement, on pourrait décrire la succession d'événements physiques caractérisant une prononciation du mot « vedette » : des bruits variant en amplitude, à différentes fréquences sonores, des transitions entre ces fréquences et même du silence[2].

Le signal de parole

Les paroles sont en effet des sons constitués par la vibration d'un milieu fluide – généralement l'air ou, plus rarement, l'eau de la mer ou d'une piscine. Une première propriété fondamentale des sons est leur intensité. Des paroles prononcées d'une voix forte ou discrète auront une intensité globale élevée ou faible. Des variations d'intensité plus rapides véhiculent le contenu parlé. Dans la figure 12, le graphique du haut illustre comment l'intensité (axe des ordonnées) varie au cours du temps (axe des abscisses). Les trois bosses nettement visibles correspondent à des variations globales d'intensité, le signal alternant entre des moments plus sonores et des moments plus sourds, presque silencieux, au cours de la prononciation du mot. On apprécie en plus, au sein de chacune des bosses, des variations d'amplitude beaucoup plus rapides. Ces oscillations sont présentes dès le début du signal. Elles paraissent plus lentes – moins fréquentes – au début de la première bosse qu'au cours de la troisième[3].

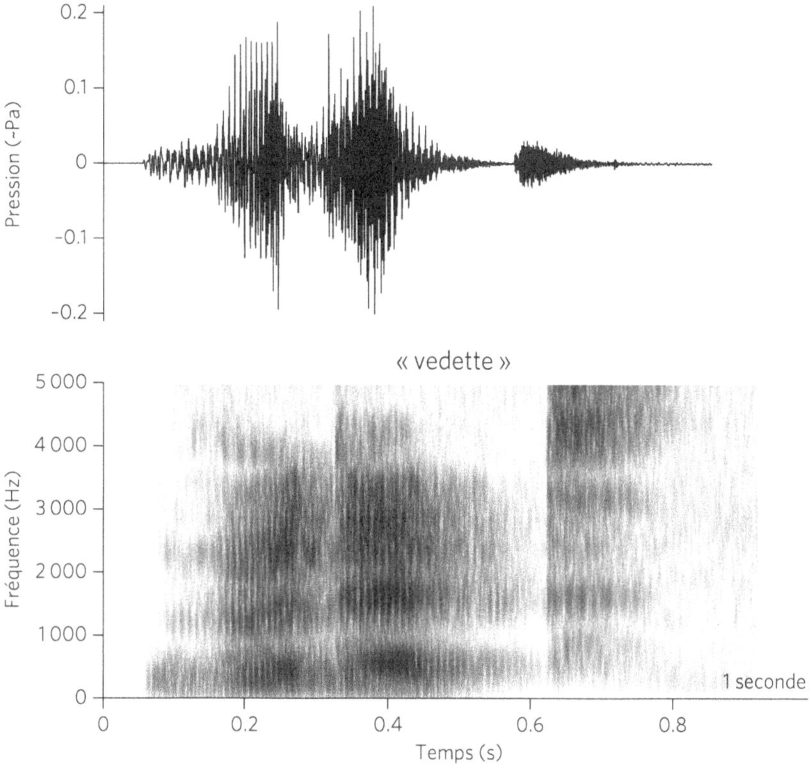

Figure 12. Signal acoustique (haut) et spectrogramme (bas) d'un enregistrement du mot « vedette ». Le graphe du haut est à deux dimensions : temps en abscisses et amplitude acoustique en ordonnées ; le graphe du bas est à trois dimensions : temps en abscisses, fréquence sonore en ordonnées et intensité de la fréquence sonore en niveaux de gris.

(Figure produite par l'auteur grâce au logiciel Praat [Boersma et Weenik, 1992, 2023] : https://www.fon.hum.uva.nl/praat/)

Ces oscillations rapides forment le contenu fréquentiel, la deuxième propriété fondamentale caractérisant la parole. Ses variations sont beaucoup plus lisibles dans le graphique du bas, où le même signal exactement est présenté après transformation mathématique vers le domaine fréquentiel. Ce graphique est un *spectrogramme* représentant à l'aide de niveaux de gris l'intensité plus ou moins forte de différentes fréquences (axe des ordonnées) en fonction du temps (axe des abscisses). On peut y lire que la première bosse se compose de la superposition d'activités dans différentes bandes de fréquence relativement distinctes – trois ou quatre, selon comment on compte. L'intensité de ces bandes (et donc du gris) est croissante jusqu'au début de la deuxième bosse au cours de laquelle une brève période de stabilité est suivie par une décroissance. Après un très bref silence, la troisième bosse occupe des fréquences plus hautes.

Ainsi, comme le signal radio, la parole est modulée en amplitude (AM) et elle est modulée en fréquence (FM). La parole alterne entre périodes relativement stationnaires et périodes variables ou transitoires. Les périodes stationnaires correspondent, en gros, aux voyelles. Par exemple, le /ə/ de la première syllabe /və/ se caractérise par la fréquence relative de ses deux premières bandes sonores appelées « formants ». La position des formants est légèrement différente pour le /ɛ/ de la deuxième syllabe /dɛt/. Ces différences peuvent paraître petites à l'œil nu mais elles sont essentielles à l'oreille pour la reconnaissance des sons de parole et donc des mots. Ces signaux et leurs variations résultent des résonances de la cavité buccale qui a parlé ; les fréquences produites dépendent des positions prises par la bouche lors de l'articulation de chaque voyelle. Les périodes transitoires correspondent principalement aux consonnes et sont plus difficiles à discerner visuellement sans un peu d'entraînement. Dans cet exemple, toutefois, la dernière bosse correspond distinctement au /t/.

Ce spectrogramme – presque aussi compliqué à lire qu'une carte météorologique – gouverne le décodage physiologique de la parole. Le signal arrive à nos oreilles sous la forme d'une vibration, comme dans la figure du haut. Une fois le tympan passé, ce signal acoustique est immédiatement décomposé dans le domaine fréquentiel, comme dans la figure du bas. Cette transformation est réalisée par un organe aussi remarquable que la rétine – la cochlée. Celle-ci recueille les vibrations mécaniques à l'aide de cellules en forme de cils flexibles baignant dans un liquide. Les cils les plus proches du tympan sont sensibles aux hautes fréquences ; plus on s'éloigne du tympan et plus les fréquences auxquelles les cils sont sensibles sont basses. Cette sélectivité fréquentielle est sobrement mécanique. On peut la reproduire en tenant légèrement tendue une corde à sauter. Des vibrations rapides (haute fréquence) se verront essentiellement du côté du bras qui agite ; des vibrations plus lentes (basse fréquence) se propageront jusqu'à l'autre extrémité. De même, dans la cochlée, les cils les plus près de la source de vibration oscillent aux fréquences hautes, les plus lointains aux fréquences basses. La vibration de ces cils est transformée en impulsions électriques rythmées qui remontent le long des neurones du nerf auditif. On ne simplifie guère en écrivant que, à l'autre bout, le cortex auditif primaire reçoit le son entendu comme un décours temporel de l'intensité dans chaque bande de fréquence, autrement dit comme dans la figure du bas.

La compréhension de la parole est donc une affaire consistant à passer du spectrogramme au sens. Ce point est bien illustré par l'impact que peuvent avoir diverses manipulations du signal sur son intelligibilité.

Considérons la vitesse à laquelle on parle. Il est pittoresque de dire que certaines langues ou accents sont produits plus vite ou plus lentement que d'autres. C'est assez vrai[4], mais il est aussi vrai que toutes les langues qui ont pu être évaluées montrent un rythme relativement similaire de modulations d'amplitude – d'alternance de creux et de bosses – situé autour de 4 à 6 hertz – soit 4 à 6 bosses par seconde, chaque bosse correspondant peu ou prou à une syllabe. Ces ±5 hertz ne sortent pas de nulle part. Ils découlent des contraintes mécaniques de l'appareil articulatoire. Ce tempo naturel de la parole peut être comparé à la valeur plus faible de 2 hertz (soit 120 battements par minute ou BPM) que l'on peut citer comme tempo musical fréquent dans la musique occidentale – avec, ici aussi, une variabilité importante dans la gamme allant de 60 à 150 BPM[5].

La parole est facilement décodée à son rythme naturel, correspondant en moyenne approximative à une grosse centaine de mots par minute. Lorsque la parole est accélérée ou compressée artificiellement, la qualité du décodage décroît progressivement jusqu'à un seuil où l'intelligibilité s'effondre, vers 250 à 275 mots par minute, soit à peu près 15 syllabes par seconde[6]. Ce rythme n'est pas atteint facilement dans une conversation, mais certains rappeurs s'en sont fait une spécialité : EMINƎM et d'autres *frappent* les mots à plus de 10 syllabes par seconde.

La perte d'intelligibilité de la parole accélérée peut être due à une dégradation du signal (quand il va trop vite, il ne contient plus toutes les informations pertinentes) ou à un excès de signal (le système perceptif est dépassé par la quantité d'information à traiter). Cette alternative est clarifiée par des données expérimentales.

On peut retrouver beaucoup d'intelligibilité en saupoudrant la parole compressée de périodes de silence. Pour cela, on manipule le signal sur ordinateur : on accélère la parole puis on la découpe en tranches de quelques centièmes de seconde que l'on sépare par des périodes de silence d'une durée comparable. Ce mille-feuille de parole compressée et silence ne produit pas la sensation saccadée que l'on pourrait imaginer, mais bien une amélioration de l'intelligibilité. L'effondrement de l'intelligibilité par la compression est vraisemblablement dû à un excès d'information dans le canal de traitement. Les petits silences laissent le temps au système de traiter les dernières informations perçues, le mettant en capacité d'intégrer la suite du signal au fur et à mesure qu'il arrive. L'ajout des silences remet les prises d'informations contenues dans la parole à nouveau dans leur rythme naturel[7].

Comme le rythme, l'intensité de la parole peut perturber de façon ordonnée l'intelligibilité. L'intensité globale aura peu d'effet : crier n'aide pas la personne qui écoute à mieux comprendre – même si ça peut aider l'énergumène qui parle à passer ses nerfs. Une manipulation plus fine de l'intensité peut se faire par bandes de fréquence. On découpe le spectrogramme (figure 12, image du bas) en bandes horizontales définies *a priori*, par exemple des bandes de

100 hertz telles que 0-100, 101-200, 201-300, etc., et l'on applique un filtre différent à chacune d'entre elles. Ces filtres pourront atténuer l'amplitude de certaines bandes ou remplacer les oscillations rapides d'une bande par du bruit blanc, etc. En recombinant les différentes bandes ainsi dégradées on obtient un signal de parole dégradé, dit « signal vocodé ». Les paramètres de la procédure, en particulier le nombre de bandes de fréquence, ont un impact direct sur l'intelligibilité. Une dimension clef pour préserver au mieux l'intelligibilité est que les transformations préservent les modulations temporelles lentes, c'est-à-dire l'alternance de bosses et de creux.

Un autre aspect important est la connaissance *a priori* de la phrase ou des mots qui la composent. Une phrase vocodée *inintelligible* deviendra soudainement *intelligible* si l'on a donné entre-temps la possibilité de la lire ou de l'entendre fort et clair. Les manipulations de « vocodage » permettent d'étudier les contributions respectives dans la compréhension de la parole de l'extraction d'information du signal (plus ou moins dégradé) et de la reconnaissance du contenu (plus ou moins attendu, selon ce que l'on connaît à l'avance). La parole vocodée est entre autres un modèle usuel pour étudier la parole perçue par des personnes malentendantes porteuses d'un appareillage ou d'un implant cochléaire[8].

Puisque la parole est codée en amplitude (AM) et en fréquence (FM), on peut distinguer les transformations qui dégradent seulement la modulation d'amplitude, l'alternance de bosses et de creux, de celles qui dégradent seulement la modulation de fréquence, les oscillations plus rapides au sein des bosses. Les dégradations d'amplitude ont un impact plus immédiat sur la reconnaissance de la parole que les dégradations de fréquence. Il est très remarquable que l'inverse soit observé pour la reconnaissance de mélodies. Cela a pu être testé en dégradant en amplitude et en fréquence des phrases chantées *a cappella* dont il fallait reconnaître soit le contenu verbal soit la mélodie. Ces observations soulignent les différences des informations qui sont extraites pour traiter les différents aspects d'un stimulus sonore et qui, du reste, impliquent de façon préférentielle le cortex auditif gauche et droit, respectivement[9].

Catégoriser à chaque instant

L'intelligibilité discutée jusqu'ici reflète une impression subjective. Son évaluation quantifie le résultat final du processus de compréhension, sans forcément en clarifier les étapes intermédiaires. Comment le magma fréquentiel du spectrogramme est-il transmué en informations linguistiques puis en un sens ordonné ? Il n'est pas vraisemblable de postuler que le système cherche à reconnaître des phrases entières ; nous n'avons pas en mémoire l'ensemble virtuellement infini de toutes les phrases possibles de la langue que nous parlons. En revanche, nous connaissons les mots, une unité linguistique si intuitive et si saillante dans notre expérience de la compréhension – et de l'incompréhension – qu'elle pourrait bien être la cible première de la reconnaissance.

Les mots jouent vraisemblablement un rôle important dans la compréhension de la parole. Mais les mots posent au moins deux problèmes computationnels difficiles. Tout d'abord nous en avons beaucoup en mémoire, généralement plusieurs dizaines de milliers[10]. L'identification de mots dans le signal demande donc une opération de discrimination parmi un très grand nombre de candidats. De plus, le signal ne comporte pas de marqueurs acoustiques systématiques des frontières entre les mots, qui seraient l'équivalent des espaces dans un texte écrit. Ainsi, le prochain mot peut en principe commencer à tout moment dans le signal : « et ce cyclope », « et ceux-ci clopent », « et ce cycle, hop ! », etc. L'algorithme de reconnaissance fait donc face à une explosion combinatoire d'hypothèses portant sur le très grand nombre de mots possibles.

Pour ces raisons, il est très souvent proposé que la reconnaissance de la parole implique des maillons intermédiaires, plus petits, entre le signal fréquentiel et l'intelligibilité des mots. Parmi ces maillons, le plus flagrant en français est la *syllabe*, une unité maîtrisée dès la maternelle et le pilotis sur lequel sont bâties nombre de comptines, chansons et poésies.

Une syllabe se compose de *phonèmes*, en gros les consonnes et voyelles de la langue. La syllabe exemple « cra » comporte trois phonèmes : /k/ + /ʁ/ + /a/. La manipulation des phonèmes n'est pas aussi flagrante que celle des syllabes et elle n'est généralement pas accessible en maternelle ; elle s'appuie sur l'acquisition de l'écriture alphabétique qui permet de recoder le signal de parole lettre par lettre. Les phonèmes se décomposent à leur tour en traits distinctifs qui caractérisent les combinaisons de mouvements qui les produisent. Le phonème /k/ de /kʁa/ se distingue du phonème /t/ dans /tʁa/ principalement par la position de la langue (vous pouvez essayer), un trait appelé « lieu d'articulation ». C'est cette petite différence d'articulation qui nous fait distinguer « cra » de « tra ». Ainsi, les maillons possibles de la chaîne de compréhension ont une structure hiérarchique : des mots découpables en syllabes, composées de phonèmes, constitués de traits.

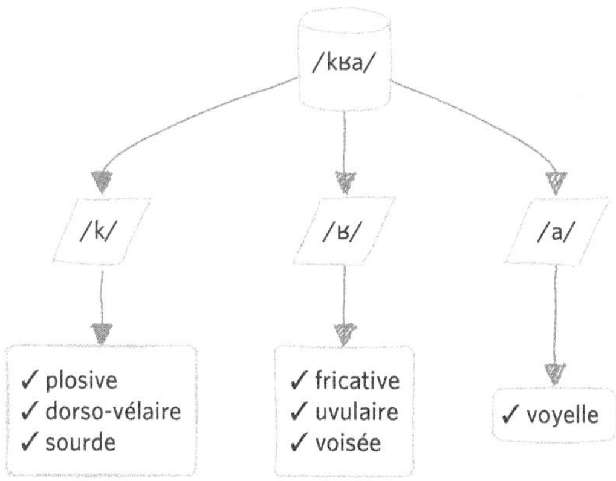

Figure 13. Structure de la syllabe /kʁa/. Une syllabe (haut) se décompose en phonèmes (milieu) qui combinent plusieurs traits acoustiques ou articulatoires (bas).

Ces maillons sous-lexicaux, c'est-à-dire « dont la taille est inférieure au mot », ont pour eux l'avantage d'être beaucoup moins nombreux que les mots : il y a en français quelques milliers de syllabes usuelles et une trentaine de phonèmes[11]. À ce titre, il semble plus efficace de les chercher eux plutôt que des mots entiers dans le signal de parole. Mais ces mêmes maillons ont le défaut de ne pas être associés à des signaux précis et uniques. Nous avons décrit ci-dessus les propriétés physiques associées aux syllabes et voyelles d'une prononciation du mot « vedette ». Le signal montré dans la figure est représentatif mais pas unique. Diverses productions du même mot « vedette » par le même individu dans des contextes différents ou par différentes personnes conduisent à des réalisations acoustiques très différentes.

Reconnaître la parole consiste, d'une façon ou d'un autre, à se départir de ces variations pour isoler des catégories ou unités linguistiques stables, alors même que les débuts et fins de ces unités ne sont pas explicitement marqués. Plusieurs solutions à ces problèmes de catégorisation et de segmentation ont été envisagées[12].

Les unités solidement établies dans les théories linguistiques fournissent des hypothèses naturelles sur la façon dont le système cognitif pourrait catégoriser et segmenter la parole pour la reconnaître. Récapitulons, de la plus grande à la plus petite :

- la syllabe (/kʁa/) ;
- le phonème (/ʁ/) ;
- l'allophone, que nous n'avons pas encore cité : différentes prononciations systématiques du même phonème ;
- ou les traits articulatoires : les différents mouvements nécessaires à la production d'un seul phonème.

Si une ou plusieurs de ces unités sont impliquées dans la reconnaissance, on devrait en retrouver leur trace dans la performance comportementale ou bien dans l'activité cérébrale. La recherche de ces traces a fait l'objet d'une cohorte de travaux expérimentaux que nous pouvons illustrer à l'aide d'une courte liste[13].

Dans une expérience, on peut faire entendre une fraction de mot (par exemple une syllabe comme /kʁa/) en amont d'un mot cible à reconnaître (« cravate »). L'unité ainsi présentée peut *amorcer* la reconnaissance du mot cible, la rendant plus facile ou plus performante ; ce phénomène suggère qu'une représentation de l'unité testée est préactivée dans ce contexte et qu'elle est fonctionnelle lors de la reconnaissance. Dans une autre expérience, on peut faire écouter dans chacune des deux oreilles, en même temps, des stimuli différents tels que /ki.ʒu/ et /bo.tɔ̃/ (que l'on pourrait orthographier « kijou » et « boton »). Dans certaines conditions, une illusion perceptive a lieu et ce sont de vrais mots qui sont entendus : « bijou » ou « coton ». Ces « migrations » d'une oreille à une autre de certaines unités, ici des phonèmes (/k/ et /b/), fournissent un argument pour un rôle fonctionnel de l'unité ayant migré. On peut aussi tester le rôle fonctionnel d'une unité à l'aide de stimuli brouillés acoustiquement, par exemple un phonème à mi-chemin acoustique entre /b/ et /p/ dans la syllabe /?a/. (Ce sont les morphoses acoustiques que nous avons déjà vues entre « bain » et « pain » à propos de l'acquisition des mots.) Ce stimulus ambigu est présenté de façon répétée, produisant une « habituation » ou « apprentissage » qui va modifier la reconnaissance d'autres exemplaires ambigus présentés plus tard. Ces apprentissages modifient temporairement le système de perception suivant les contours des unités de traitement[14].

En plus de ces tâches de laboratoire très explicites, on peut faire des observations dans des conditions un peu plus naturelles d'utilisation de la parole. Lors de la production à voix haute, une proportion substantielle de lapsus concerne des phonèmes, par exemple l'échange de position caractérisant la production « *le chour est faud* », lorsque l'intention était de dire « le four est chaud ». Ces échanges préservent très majoritairement la position au sein de la syllabe – dans l'exemple les phonèmes échangés sont en début de syllabe[15]. Ces échanges et cette contrainte suggèrent que le phonème et la syllabe sont des représentations qui contraignent la façon dont la parole est produite ; par un argument certes indirect, on peut suggérer que ces mêmes représentations participent vraisemblablement à la perception.

Si au lieu d'observer la production, on observe l'écoute naturelle de parole, on ne verra pas d'indices comportementaux systématiques du processus de reconnaissance. Comprendre le langage est un phénomène assez privé qui ne s'accompagne pas nécessairement de comportements systématiques et mesurables. Ce que l'on peut mesurer, en revanche, c'est l'activité cérébrale sous-jacente à la compréhension de la parole. L'analyse du signal neurophysiologique montre que les différents traits articulatoires composant un flux de parole génèrent des activités spatialement organisées dans le cortex auditif et moteur. On peut ainsi retrouver (le terme consacré est « décoder ») quels traits auditifs ont été perçus (et donc décoder ce qui a été entendu) à partir de cette seule activité cérébrale[16]. Cette observation suggère que les traits articulatoires seraient eux aussi des unités fonctionnelles de la reconnaissance de la parole.

Cette ligne de recherche – identifier les unités guidant la perception de la parole – a été très productive ; paradoxalement, presque trop productive. En effet, il y a dans la littérature scientifique des données interprétées en faveur de presque chaque unité linguistique qui a pu être testée… Cela ne permet pas de conclure quelle unité particulière fournit la clef de l'accès à la compréhension de la parole, ce qui était le but original dans nombre de travaux[17]. Au contraire, une conclusion raisonnable est que le système s'empare de toute unité qui présente des régularités ; cette façon de traiter le signal peut dépendre des circonstances et en particulier des circonstances expérimentales.

De plus, les débats focalisés sur les unités passent souvent sous silence la façon dont le système peut s'abstraire en toute première étape de la variabilité présente dans le signal avant d'accéder à des unités linguistiques, quelles qu'elles soient. D'autres travaux soulignent que nous avons vraisemblablement aussi en mémoire des détails acoustiques de chaque prononciation entendue et qu'ils sont utilisés pour la reconnaissance. Cela conduit à des modèles hybrides dont les mécanismes s'appuient à la fois sur des représentations abstraites simplifiées (des catégories comme les phonèmes) et sur une connaissance assez détaillée du signal acoustique[18]. Plutôt que sélective, la compréhension naturelle de la parole serait donc *omnivore*. Elle s'alimenterait à la fois de diverses catégories linguistiques et de la variabilité présente dans le signal. Nous verrons plus loin que c'est aussi le cas pour les ordinateurs.

Segmenter les paroles

Comme indiqué avant, le problème qui va de pair avec la catégorisation du signal de parole en unités discrètes est celui de sa segmentation. Pour comprendre, il faut découper.

Le besoin de découpage du signal de parole n'est pas facile à apprécier subjectivement dans une langue que nous comprenons bien. Les mots nous y apparaissent clairement différenciés les uns des autres. Par contre, si nous ne prêtons pas attention ou si nous sommes bien fatigués, beaucoup de paroles seront perçues comme un flux ronronnant sans interstices. Ce caractère continu est encore plus flagrant dans une langue que nous ne connaissons pas. Dans ce cas, il n'y a plus aucune unité discrète clairement délimitée ; il y a un flux compact où nous aurions bien du mal à parier quand commence chaque mot et quand il finit. Toutefois, il suffit qu'un seul mot de notre langue soit prononcé pour que ses contours se distinguent clairement et qu'il nous saute aux oreilles : par exemple « aalaykalnouzoul'ilaLaCanebierethumaaliatijahyaminan », c'est-à-dire : « ثم الانعطاف يميناً La Canebière عليك النزول إلى », c'est-à-dire encore : « Tu dois descendre jusqu'à La Canebière puis tourner à droite. »

Le caractère continu du signal de parole complique sa compréhension, mais il a des propriétés temporelles qui fournissent de bons indices pour son échantillonnage. Comme déjà mentionné, le rythme syllabique est légèrement variable d'une langue à l'autre, et d'une personne à une autre, mais il se situe généralement aux alentours de 4 à 6 hertz, soit en gros 5 syllabes par seconde. Cette même fréquence caractérise certaines oscillations de l'activité neuronale mesurées dans différents systèmes perceptifs, notamment le cortex auditif.

Une hypothèse influente propose que ce rythme neuronal, dit rythme thêta θ, orchestre une prise d'information auditive à intervalles réguliers, permettant de dégager des paquets d'information dont la durée est de l'ordre d'une syllabe. Ces oscillations θ se décomposent en une phase d'excitation neuronale élevée, favorisant la prise d'information, suivie d'une phase d'excitation basse, favorisant son traitement et sa diffusion vers le reste du réseau cortical impliqué. La phase d'excitation neuronale est due à la combinaison du rythme θ avec une augmentation d'activités plus rapides, de fréquence plus haute donc, entre 30 et 50 hertz, correspondant au rythme γ. Des simulations ont établi que la combinaison du rythme cérébral plus lent θ avec l'alternance du rythme plus rapide γ permettait de dégager des unités syllabiques. L'activité rapide γ joue aussi un rôle dans le traitement des phonèmes, les composants des syllabes ayant des durées caractéristiques de 25 à 80 millisecondes, soit un rythme de 12 à 40 hertz. Sur un principe similaire d'alternance, l'intégration d'information à ce rythme-là permet de dégager des unités phonémiques et de contribuer, en parallèle avec le traitement syllabique, à l'extraction du contenu du signal[19].

La parole est typiquement entendue des deux oreilles ; en conséquence, les cortex auditifs des deux hémisphères participent à son décodage. Toutefois, il existe une préférence de l'hémisphère dominant pour le langage, typiquement l'hémisphère gauche, pour les décodages des informations et transitions rapides et une préférence de l'autre hémisphère pour les décodages plus lents. Cette asymétrie résonne avec l'asymétrie décrite plus haut dans l'efficacité relative pour la reconnaissance des mélodies et des paroles[20].

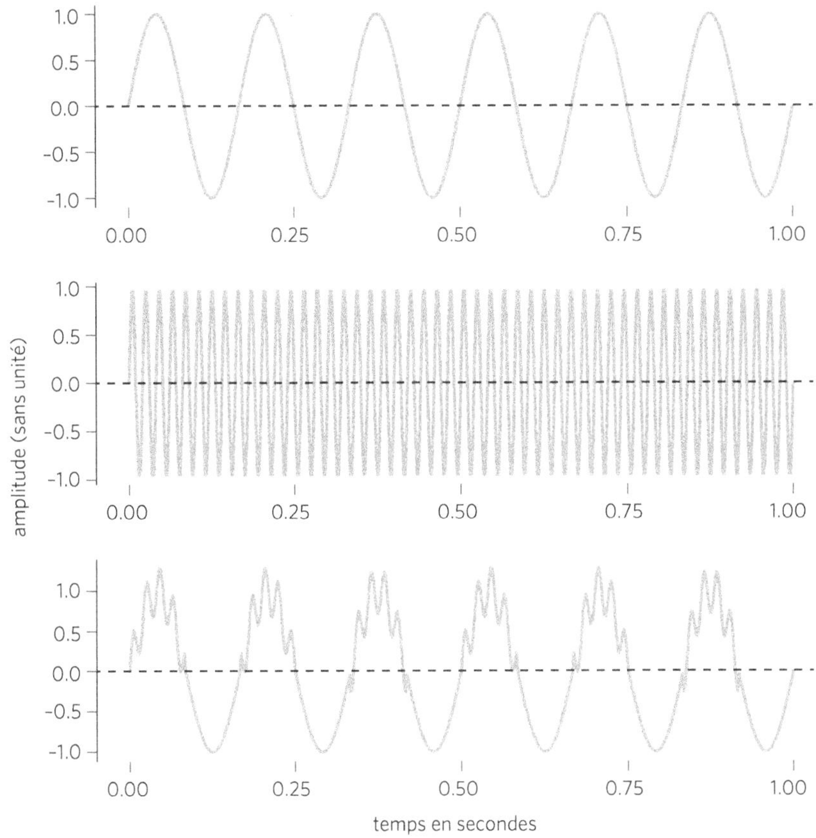

Figure 14. Rythmes thêta et gamma enchâssés. En haut, un rythme thêta de basse fréquence à 6 hertz (6 oscillations par seconde) ; au milieu un rythme gamma de haute fréquence à 50 hertz ; l'hypothèse d'enchâssement du rythme rapide dans le rythme lent propose que les oscillations rapides ne se produisent que pendant certaines phases de l'oscillation lente, en bas.

En somme, ce modèle physiologique du traitement de la parole se fonde sur deux idées centrales. Il postule que c'est l'alignement temporel entre la pseudo-rythmicité structurée du signal de parole entendu et la pseudo-rythmicité structurée caractérisant l'activité neurale qui permet la segmentation. De plus, l'extraction d'informations se fait en parallèle à différentes échelles temporelles, selon des principes que l'on appelle en ingénierie du signal le

« multiplexage ». Le processus de segmentation postulé fournit un mécanisme, qui nous avait un peu fait défaut ci-dessus dans la discussion des unités, pour le passage du signal à des représentations discrètes. Les propriétés dynamiques de l'activité cérébrale font que les phonèmes et les syllabes y jouent un rôle important.

Le modèle neurophysiologique met l'accent sur le rôle des (pseudo-)rythmes dans la segmentation. Mais ces propriétés essentiellement physiques ne sont pas les seules à l'œuvre. Le fait de connaître une langue se traduit par la connaissance de nombre d'autres régularités de natures très différentes. Lorsque l'une de ces propriétés présente suffisamment de régularité au sein de la langue parlée, elle peut être apprise de manière plus ou moins implicite et devenir une contrainte guidant la segmentation. Ainsi, la segmentation se fait en combinant les informations issues du signal avec des connaissances et attentes d'ordre linguistique[21].

Nous pouvons citer quelques-unes de ces régularités et contraintes de la langue dans un inventaire à la Prévert : les phonèmes ne sont pas prononcés de la même façon à la frontière entre deux mots qu'à l'intérieur d'un mot ; l'accent tonique fort a sa position préférée (par exemple en début de mot en anglais) ; certaines séquences de phonèmes ne s'observent jamais à l'intérieur d'un mot mais se produisent parfois à leurs frontières ; certaines segmentations révèlent des mots alors que d'autres conduisent à des non-mots sans issue ; la structure de la phrase et plus généralement la compréhension du contexte favoriseront certaines interprétations plus ou moins plausibles ; etc.

Certaines de ces contraintes sont plus fiables et plus fortement utilisés dans certaines langues que dans d'autres. À ce jour, ces contraintes et échanges d'informations sont généralement décrits dans le domaine cognitif plutôt que dans leurs détails neurophysiologiques, même si certaines parties du lobe temporal supérieur antérieur ont pu y être associées. La description du mécanisme de segmentation et de catégorisation n'est donc pas encore complète.

*

Un homme politique dit une phrase d'apparence simple – disons : « Je vous ai compris ! » – et les interprétations fleurissent. Cette diversité de lectures est motivée par la très grande complexité politique du moment. Mais ces débats focalisés sur le sens passent sous silence le fait que tout le monde a déchiffré les sons et compris les paroles prononcées, que tout le monde a segmenté et identifié les mêmes phonèmes, les mêmes syllabes et les mêmes mots produits. (Sauf, peut-être, l'humoriste Pierre Desproges[22] : « Je vous hais ! Compris ? ») Pour que ce déchiffrage arrive, des opérations complexes de segmentation, de catégorisation, de maintien en mémoire transforment à chaque instant le signal en langage[23]. Ce sont ces opérations qui permettent à la phrase d'émerger dans notre esprit, avant même que nous commencions à débattre de son interprétation.

La compréhension de la parole est tellement banale qu'elle peut en paraître insignifiante. Au contraire, la place qu'elle occupe à l'interface du monde physique et du monde des idées la rend incontournable. La compréhension est un processus littéralement *naturel*, au même titre que la respiration ou la digestion, et possiblement plus complexe que ces dernières. Une dynamique de sélection naturelle encore très mal comprise a amené les humains à être dotés de parole et des dynamiques diverses continuent de façonner la forme des mots que nous partageons.

CHAPITRE 8

La forme et le sens des mots

Les mots d'une langue ne sont pas distribués au hasard. Quantifier leurs formes et leurs sens révèle des régularités statistiques tenaces. Différentes contraintes sont à l'œuvre qui déterminent l'émergence, le maintien ou la disparition des mots d'un individu ou d'une communauté.

Distributions statistiques de lettres et de mots

Le Mastermind est un jeu de société consistant à cacher un code arbitraire et à le faire découvrir par déductions successives. Dans une version classique, datant du début des années 1970, le code est composé de quatre couleurs choisies parmi six, avec répétitions possibles. Ce code étant fixé par un joueur ou joueuse, l'autre propose une hypothèse (par exemple, 1 : bleu ; 2 : bleu ; 3 : rouge ; 4 : orange) et reçoit en réponse deux informations : le nombre de couleurs correctes bien placées et le nombre de couleurs correctes mal placées. Cette réponse ne précise pas *quelles* couleurs de la proposition sont bien placées, mal placées ou absentes du code. La personne qui devine utilise cette réponse pour proposer une seconde hypothèse qui sera évaluée de même. En accumulant des indices tour après tour, l'objectif est de deviner le code dans le moins de tours possible. On compte alors des points et on échange les rôles.

Les couleurs peuvent rendre le jeu visuellement attractif mais elles ne sont pas essentielles. On peut jouer avec d'autres codes, par exemple avec un papier et un crayon en choisissant 4 chiffres parmi 6 ou, pour corser la difficulté, parmi 10. On pourrait aussi jouer avec un code à quatre lettres parmi… 26 ? Cela compliquerait le jeu presque à l'infini avec 26^4 codes possibles. Alternativement, une idée simple mais puissante est de lever l'arbitraire du code en le limitant aux mots de la langue.

Cette version lexicale du jeu de codes a connu plusieurs avatars sous plusieurs noms : en anglais *Jotto*, à la télévision aux États-Unis ; puis dans de nombreux pays *Lingo* ; à la télévision française *Motus*, etc. Récemment une version en ligne a beaucoup fait parler d'elle : *Wordle*. Son créateur, Josh Wardle, l'avait programmée pour se distraire. Il en a ensuite affiné la jouabilité pendant le confinement sanitaire de 2020 : la longueur des codes a été fixée à cinq lettres, les réponses valables sont quelque 2 000 mots fréquents réputés connus de tout le monde, la partie finit au bout de six essais et l'interface est visuellement plaisante. L'application a connu un succès fulgurant, au point que son auteur a pu la revendre à un célèbre journal de New York pour une somme annoncée à plus de sept chiffres (soit plus de 1 million de dollars) !

Outre sa longue tradition de mots croisés et autres jeux apparentés, l'idée du journal était peut-être d'avoir accès aux mots qui passent chaque jour par les têtes de ses lecteurs, ses lectrices. Mais il y a mieux à faire pour jouer que de tester le premier mot qui nous passe par la tête. Troquer un code arbitraire fait de couleurs ou de chiffres pour un mot de la langue a un impact majeur sur le jeu. La stratégie optimale ne dépend plus seulement de la pure logique ; il faut aussi prendre en compte les distributions statistiques de la forme des mots. Examinons une partie depuis cette perspective.

Au Mastermind, une stratégie d'ouverture souvent citée comme efficace est de tester la présence de deux couleurs et seulement deux[1], par exemple :

1 : bleu ; 2 : bleu ; 3 : orange ; 4 : orange.

Au Wordle, on est contraint par les mots : il n'est pas facile de trouver un mot de cinq lettres ne contenant que deux lettres différentes. Avec seulement trois lettres, on peut choisir en ouverture le mot « FEMME ». C'est un bon début mais il n'est pas optimal. Cette approche ignore certaines propriétés des mots qui sont absentes des codes couleur, notamment la fréquence d'occurrence des lettres et leurs rôles différents au sein des syllabes.

Il y a en français bien moins de voyelles que de consonnes. Il est donc plus facile de découvrir les voyelles que les consonnes et il peut être pertinent de commencer par là. Ainsi, on peut commencer le jeu en disant « ADIEU ». On teste de cette façon 4 voyelles sur 5 (hors la semi-voyelle « y ») ; leurs présences ou absences vont bien structurer les questions suivantes. On peut aussi tenter d'inclure les lettres les plus fréquentes pour maximiser les chances de détection. « SÉNAT » est un mot pas extrêmement fréquent mais dont les lettres sont parmi les plus fréquentes du français (E est la plus fréquente, A est la 2e, S la 4e, N la 5e, et T la 7e). SÉNAT rapportera peu au Scrabble, mais c'est un très bon choix d'ouverture au Wordle. Au-delà de la fréquence des lettres on peut profitablement considérer la fréquence des paires de lettres : « Q » précède (toujours ?) « U » ; « H » vient souvent après « C », etc. D'autres régularités sont moins apparentes. Le « R » et le « L » se combinent avec de nombreuses consonnes (br, gr, cr, pl, bl, fl) mais pas avec toutes. Il existe peu de mots avec de cinq lettres avec « SL » ; la séquence « TL » n'est jamais présente en début de mot et reste assez rare ailleurs (« ATLAS ») ; la séquence « DL » n'existe pas (ou si peu : « IODLE »...)[2]. La configuration des lettres déjà découvertes peut nous guider vers les paires ou triplets de mots qui sont plus ou moins probables à chaque place.

Pour aller plus loin, on pourra consulter diverses formalisations quantitatives strictes proposées pour résoudre une partie de Mastermind ou de Wordle, ainsi que les applis qui implémentent ces formalismes pour aider à choisir une tactique[3]. Pour notre propos, le contraste entre ces deux jeux permet d'entrevoir les distributions statistiques de la forme des mots au sein d'une langue.

Dans ces jeux de codes, tous les mots possibles ont la même longueur. Cela est très artificiel, puisqu'en réalité toutes les langues naturelles comprennent des mots de longueurs diverses. En français, par exemple, les mots varient d'une lettre – « à », « y », « n' » – à, disons, 25 lettres – le célèbre « anticonstitutionnellement » (figure 15).

Cette diversité de longueurs n'est pas arbitraire mais révélatrice des usages. Descriptivement, la longueur des mots est inversement liée à leur fréquence d'usage. Plus un mot est fréquent, plus il a tendance à être court, et inversement. George K. Zipf, professeur d'allemand à l'Université Harvard dans la première moitié du XXe siècle, a été l'un des premiers à constater cette régularité, parmi d'autres lois très stables caractérisant la forme et l'usage des mots.

Cette loi de Zipf est bien vérifiée en français. Les dix formes les plus fréquentes du français sont toutes très courtes : je ; de ; est ; pas ; la ; tu ; le ; vous ; ne et il. De même, « vedette » est quatre fois moins fréquent que « star » et « autobus » est dix fois moins fréquent que « bus », même si bien sûr il y a des exceptions puisque « restaurant » est plus fréquent que « resto ».

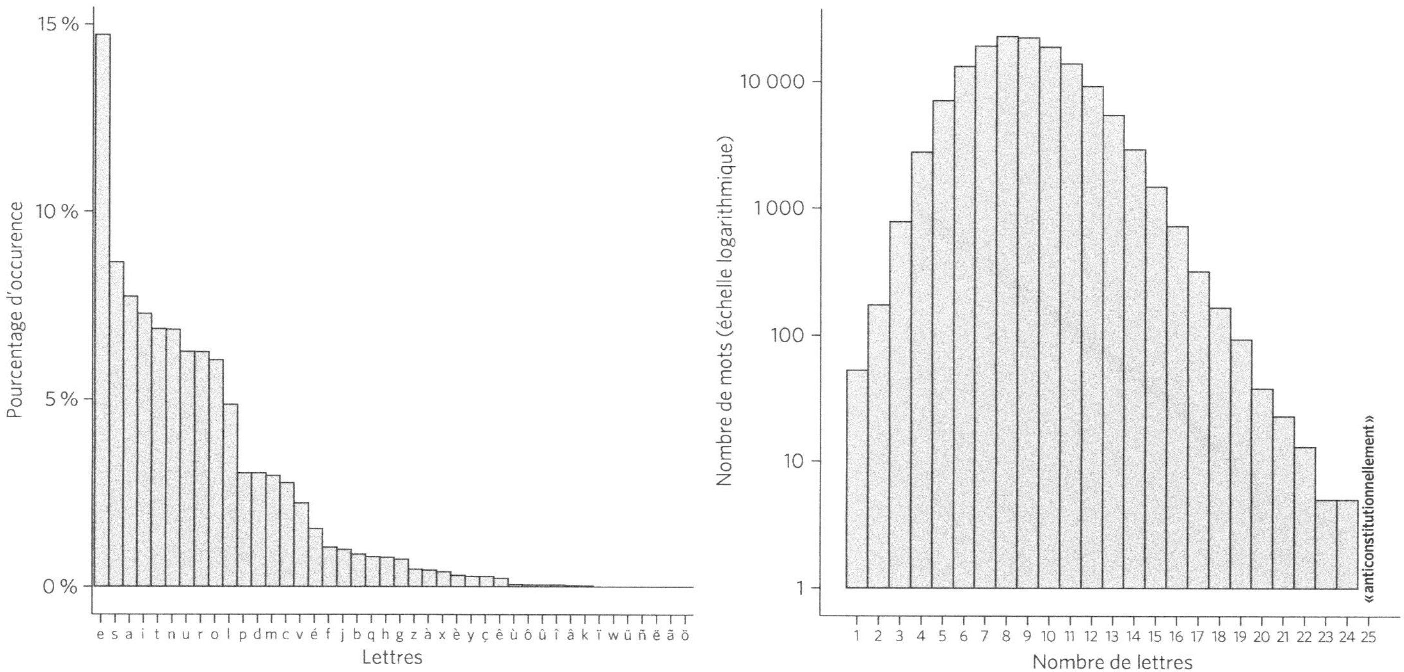

Figure 15. Distributions de l'usage des lettres et de la longueur des mots en français. À gauche, pourcentage d'occurrence de chacune des lettres. À droite, nombre approximatif de mots pour chaque longueur en lettres – le célèbre « anticonstitutionnellement » est bien un cas extrême. *(Données de Gimenes* et al.*, 2020 et de New* et al.*, 2004.)*

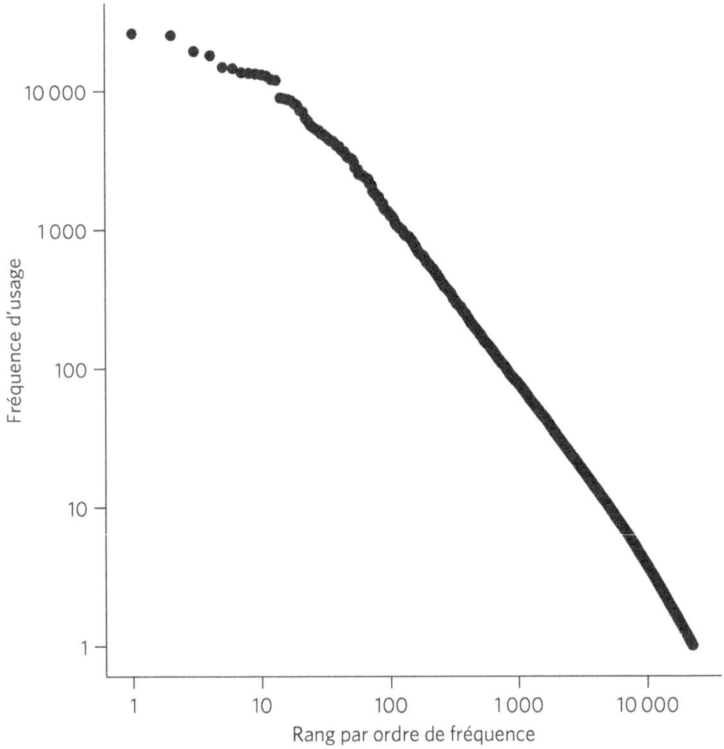

Figure 16. Loi de Zipf illustrée pour les mots du français. Les mots les plus fréquents sont à gauche (rangs 1, 2, 3, 4, etc.). Au fur et à mesure que l'on avance dans le rang, en allant vers la droite, la fréquence d'usage décroît de façon remarquablement linéaire - avec des échelles logarithmiques dans les deux axes.

(Données de New et al., *2004.)*

Plus généralement, « fac-similé » est devenu « fax » lorsque son usage s'est répandu ; « téléphone portable » et « ordinateur portable » deviennent tous deux « portable » dès lors que le contexte évite l'ambiguïté. Les groupes de mots fréquents sont souvent réduits phonologiquement : « à t-à l'heure » (6 phonèmes plutôt que 8), « chais pas » (4 plutôt que 8), « à ment donné » (7 pas 10). Et il y a bien sûr le raccourcissement inéluctable de tant et tant de groupes de mots en acronymes. Une appellation complexe est proposée dans un souci d'exactitude mais elle ne résiste pas longtemps à l'érosion de l'usage. Les « maisons de retraite » sont rigoureusement désignées « établissement d'hébergement pour personnes âgées dépendantes » (55 lettres), rapidement remplacé par le sigle EHPAD, puis par le nom commun acronyme – ou barbarisme ? – « Ehpad » (5 lettres).

La corrélation entre fréquence et longueur a été observée dans la très grande majorité des langues où elle a pu être cherchée – 986 langues de 80 familles différentes – au point qu'il soit légitime de la considérer comme une loi universelle[4].

Zipf avait proposé d'appeler ce phénomène la loi d'abréviation, suggérant ainsi un mécanisme à l'origine de la corrélation entre longueur et fréquence[5]. Elle refléterait une règle d'optimisation des efforts lors de la transmission d'information à travers le canal verbal, de la personne qui produit à celle qui perçoit le langage. Pour faire moins d'efforts, il est rationnel que les formes les plus utilisées soient les plus courtes. Cette contrainte a d'ailleurs été prise en compte lors de la création de codes artificiels. En code morse, la lettre la plus fréquente « E » est associé au signal le plus court « · », etc. (Nous verrons plus bas que la contrainte de brièveté et de moindre effort lors de l'émission du signal est contrecarrée par une contrainte d'intelligibilité lors de son décodage ; il ne faut pas simplifier les mots au point que les messages deviennent indéchiffrables pour les destinataires.)

L'échelle temporelle de la loi d'abréviation peut être précisée en en distinguant deux versions. Ses contraintes peuvent opérer à des échelles longues, disons des siècles, des décennies ou, au plus court, des années. Il y a en effet des modes lexicales comme il y a des modes vestimentaires. Dans cette version, d'une décennie à l'autre certains usages émergent (« c'est trop stylé ! ») et d'autres sont progressivement abandonnés (« c'est bath ! »), mais l'usage des mots (et la distribution des fréquences lexicales) est relativement stable pendant la période considérée, au sein d'une communauté linguistique. La fréquence des mots dans des bases de données relativement statiques (par exemple tout Wikipedia) devrait refléter l'usage et la loi d'abréviation y prédit une corrélation entre ces fréquences et la longueur des mots. Cette corrélation y est observée.

On peut aussi envisager un impact beaucoup plus fluide de la loi d'abréviation. La fréquence lexicale envisagée comme probabilité d'usage d'un mot est valable dans l'absolu (« papier » est sept fois plus fréquent que « carton » dans une base de données) mais cette probabilité d'usage est modulée par le contexte. « J'ai rangé la vaisselle dans une boîte en… » rend « carton » beaucoup plus probable que « papier ». Une découverte bien plus récente que la loi de Zipf est que la loi d'abréviation opère aussi en fonction du contexte, au sein même des phrases. De fait, le contexte a un effet bien plus fort que la fréquence absolue. Ainsi, dans plusieurs langues, la longueur des mots est plus corrélée avec la predictabilité locale d'un mot qu'avec la fréquence absolue (statique) dans les corpus ; cela a pu être testé avec des calculs corrélations partielles entre les différentes variables impliquées. En parlant, nous tendons à choisir des formes plus courtes si le contexte est plus prédictif, et nous rallongeons ces formes – en nombre de lettres ou phonèmes, ou en simple durée de prononciation – lorsqu'elles sont plus inattendues[6].

D'autres contraintes façonnent les formes lexicales. Certaines combinaisons de lettres (de phonèmes) sont des mots de la langue, mais toutes les combinaisons possibles ne sont pas attestées. « Sapon », « arpépadril » ou « cfrabg » sont des pseudo-mots ou non-mots, c'est-à-dire des séquences de lettres n'apparaissant ni dans l'usage ni dans les dictionnaires. Le dernier n'est pas prononçable en français et cette contrainte d'articulation explique pourquoi il n'existe pas. Les deux premiers sont aisément prononçables et l'on pourrait imaginer qu'ils désignent un nom de famille ou un nouveau médicament. Un défaut possible du premier est sa proximité avec nombre de mots existant – « savon », « sapin », « salon », « zappons », etc. – qui pourrait générer des confusions dans certains contextes. Quant à « arpépadril », il n'est guère plus compliqué qu'« appartement » mais… d'où sort-il ?

Grumeaux et structure du lexique

S'intéresser à des cas particuliers peut être riche d'enseignements, mais certaines contraintes s'apprécient mieux en quantifiant globalement la façon dont les mots occupent l'espace des formes possibles. Ici la notion d'efficacité de la communication nous conduit à considérer deux contraintes opposées. Pour la robustesse des échanges, leur résistance aux bruits et aux ambiguïtés, la différentiabilité des mots est souhaitable. Plus les formes seront distinctes les unes des autres, moins les petites erreurs – par exemple sur une lettre ou un phonème – viendront perturber la communication. En revanche, pour la facilité de l'apprentissage et l'efficacité de la prononciation, la ressemblance sera un atout. Il est plus facile de retenir un mot qui ressemble à un mot déjà connu ou de le prononcer en réutilisant des morceaux d'autres mots dont on a déjà pratiqué la prononciation. Ces deux contraintes agissent, en théorie du moins, de façon opposée sur l'existence (ou pas) de mots particulièrement proches.

Pour apprécier ces phénomènes, représentons-nous les mots dans un espace géométrique où ils seraient distribués en fonction de leur ressemblance. Un ensemble de mots dont la forme est particulièrement proche peut être vu comme un amas de population dans cet espace, une sorte de grumeau lexical. Au contraire, un mot dont la forme n'est proche d'aucun autre peut être vu comme un ermite vivant loin de tous les autres mots. La première contrainte de différentiabilité a tendance à rompre les grumeaux alors que la deuxième contrainte d'apprentissage les fomente. Une hypothèse intéressante est que ces deux contraintes opèrent subtilement au cours des dialogues et qu'elles ont contribué à façonner l'évolution séculaire des formes lexicales, passées et actuelles.

Pour quantifier le caractère plus ou moins grumeleux d'un lexique, on a besoin d'une mesure de la similarité entre les mots. Plusieurs options existent. Une option très simple est de compter le nombre de « paires minimales », c'est-à-dire le nombre de paires de mots qui ne diffèrent que par un phonème ou une lettre (savon-salon). Un lexique dont les mots sont plus proches aura plus de paires minimales. Cette mesure se généralise en considérant la distance qui sépare la forme de deux mots quelconques, formulée en termes du nombre de substitutions, additions ou omissions de lettres ou phonèmes permettant de passer d'un mot à l'autre. Cette distance est de 1 entre « savon » et « salon », de 2 entre « savon » et « sapin », de 3 entre « savon » et « ravin », de 4 entre « savon » et « gant », etc. (Cette mesure s'appelle *distance de Levenshtein.*)

La structure du lexique peut se caractériser de manière encore plus élaborée, au-delà de relations deux à deux, en faisant appel à des mesures issues de la théorie mathématique des graphes ou des réseaux. Par exemple, on peut compter la proportion de mots sans voisin proche (appelés « ermites » ci-dessus) par rapport au nombre de mots qui se trouvent à faible distance les uns des autres (la taille des grumeaux). Ou bien, on peut mesurer la *transitivité* dans un lexique, qui caractérise non plus les paires mais les triplets de mots, en quantifiant à quel point le fait que 2 des 3 mots soient proches prédit que le troisième est proche lui aussi. Une plus grande transitivité signale un lexique plus grumeleux. Etc. Ces différentes mesures théoriques – similarité, proximité, voisinage – calculées sur la forme des mots trouvent une légitimité cognitive. On observe que leur manipulation dans des expériences psycholinguistiques module de différentes façons la vitesse de lecture, de reconnaissance ou de production de mots[7].

Ces différentes mesures peuvent être calculées pour le lexique naturel, celui que nous utilisons couramment et qui est compilé dans un dictionnaire adéquat. Toutes seules, les valeurs ainsi obtenues ne veulent pas dire grand-chose. Leur interprétation se fera par comparaison avec les mesures issues de différentes langues mais surtout par comparaison à des mesures équivalentes prises sur un lexique synthétique généré de façon aléatoire. On pourra alors déterminer si les proportions de grumeaux et d'ermites, et d'autres quantités caractéristiques, peuvent être attribuées au hasard ou bien s'il faut chercher des régularités, des lois ou des contraintes qui ont façonné la forme du lexique.

La construction de lexiques aléatoires est un art en soi. Le tirage au sort peut être plus ou moins contraint selon l'hypothèse que l'on souhaite tester. La version basique est un tirage au sort de lettres suivant une loi uniforme, sans autre contrainte que la distribution de longueurs de mots dans le lexique d'origine. Un lexique aléatoire ainsi construit par référence au français aura le même nombre de mots d'une lettre, de deux lettres, de trois lettres, etc. que le français (voir figure 16, mais les formes de ces mots seront aléatoires).

Dans une approche plus sophistiquée, le tirage au sort est contraint par les probabilités conditionnelles d'occurrence et de cooccurrence des lettres (des phonèmes) observées dans le lexique naturel (« q » et « u », « c » et « h », etc.) Une fois ces probabilités estimées on peut fabriquer des lexiques synthétiques qui les respectent.

Les travaux ainsi menés sur quatre langues indo-européennes – français, anglais, allemand, néerlandais – établissent le caractère grumeleux du lexique. Il y a plus de ressemblance entre les formes de mots que n'en prédit le hasard. Cela est dû à plusieurs causes. La première est, bien sûr, la morphologie. Les familles de mots – jardin, jardinage, jardinière, jardinier, jardinerons, etc. – contiennent des formes très proches et forment chacune un grumeau qui ne doit rien au hasard. Pour contrôler la contribution de la morphologie, on peut restreindre le lexique aux mots mono-morphémiques par exclusion de tous les autres membres de chaque famille ; en clair, ne garder que le mot racine, « jardin », dans l'exemple ci-dessus. Reprendre les analyses montre que ce lexique mono-morphémique reste plus grumeleux que le hasard.

Une deuxième origine des grumeaux est liée aux régularités de cooccurrence de lettres (de phonèmes) mentionnées ci-dessus. Si certaines séquences de lettres (de phonèmes) sont plus fréquentes elles vont agréger autour d'elles plus de mots que le hasard.

On notera tout de suite que distinguer la cause et la conséquence de ce phénomène n'est pas aisé sans entrer dans des considérations quantitatives très détaillées. Est-ce parce que les mots s'agrègent que certaines séquences de lettres sont plus fréquentes ou bien la préférence pour certaines séquences favorise-t-elle certaines formes de mots ? Lorsqu'elles sont menées, ces analyses plus détaillées suggèrent que les lexiques naturels sont plus grumeleux que ce que la simple cooccurrence de lettres ne le prédit.

Une troisième origine des grumeaux est à chercher du côté des catégories grammaticales des mots, par exemple le contraste entre noms et verbes, catégories qui organisent le type de contexte où chaque mot peut apparaître. Dans l'usage courant de la langue, les contextes lèvent nombre d'ambiguïtés grammaticales. Par exemple, les mots voisins « ronce » et « ronge » ont des formes très proches mais ils seront faciles à distinguer car ils apparaîtront, respectivement, dans un contexte propre aux noms ou propre aux verbes. La similarité phonologique devrait être plus problématique pour l'usage, donc possiblement moins forte, au sein des catégories qu'au travers de celles-ci. Au contraire, dans la mesure où les mots issus d'une même catégorie tendent à avoir des sens plus proches qu'à travers les catégories, une similarité phonologique plus forte au sein de chaque catégorie pourrait aider le stockage en mémoire des mots. Les données analysées en distinguant la similarité au sein et à travers les catégories tendent vers la deuxième option, autrement dit une proximité phonologique plus forte au sein des catégories grammaticales étudiées[8].

L'équilibre entre différentes contraintes d'efficacité et de simplicité se retrouve au-delà du lexique. Les variations morphologiques, évoquées ci-dessus avec l'exemple de la famille de « jardin », servent notamment à indiquer les rôles et les dépendances de chaque mot dans la phrase. Ces variations peuvent indiquer le nombre (jardin, jardins), le genre (jardinier, jardinière), la personne du sujet (jardine, jardinons), etc. La richesse morphologique diffère d'une langue à une autre. Par exemple, la morphologie est relativement plus simple en anglais qu'en français ; cela pourrait laisser penser que certaines langues – celles qui ont moins de variantes morphologiques – sont plus simples et plus efficaces que les autres – encombrées de variantes, suffixes et autres désinences. Mais ces langues pauvres en morphologie ne sont pas si simples, en fait. Ce qu'elles perdent en variation morphologique elles le gagnent en un autre dispositif linguistique indiquant la dépendance et les relations : les contraintes sur l'ordre des mots. Des analyses ont comparé près de 1 200 langues sur la base de corpus strictement appariés – des traductions de la Bible. Elles révèlent une sorte d'arbitrage, d'une langue à une autre, entre la complexité (ou simplicité) morphologique et la liberté (ou complexité) des règles d'agencement des mots dans la phrase. Plus la morphologie est simple, plus il y a des contraintes sur l'ordre des mots, et inversement. La complexité morphologique et la rigidité de l'ordre des mots imposent des contraintes d'efficacité partiellement contradictoires qui s'équilibrent en différents points à travers les langues[9].

Sens des mots, découpage du monde

C'est bien connu, en plus d'une forme les mots ont un sens. La réciproque n'est pourtant pas vraie. Nombre de sens n'ont pas de mot pour les désigner. Par exemple, nous n'avons pas de verbe en français pour désigner l'action de « chercher à nouveau un objet dans un endroit où l'on sait pertinemment qu'on l'a déjà cherché sans le trouver », alors que ce mot serait parfois fort utile pour s'en rendre compte et arrêter de le faire. Divers répertoires de ces sens orphelins lexicaux ont été proposés, généralement sur un ton humoristique[10]. Une approche scientifique existe aussi. La question sérieuse en jeu est : « Pourquoi tel sens a-t-il un mot plutôt que rien ? »

La façon dont les mots découpent et décrivent le réel a été abordée dans plusieurs domaines ou champs sémantiques, avec une préférence marquée pour les domaines qui se prêtent à une approche analytique. Un exemple particulièrement quadrillé est le nom des couleurs. Les couleurs peuvent se décrire de façon géométrique, objective, dans des espaces quantitatifs simples, par exemple à une dimension (la longueur d'onde) ou à trois dimensions (la proportion de chacune des trois couleurs primaires). On peut donc concevoir l'acte de nommer une couleur, de lui donner un nom, comme un problème de compression d'information : d'un espace continu à une ou trois dimensions vers quelques labels discrets, et inversement.

En français, on peut estimer qu'une dizaine de couleurs sont associées à des mots à la fois fréquents et consensuels : rose, rouge, jaune, orange, vert, bleu, marron, violet, (noir, blanc, gris). On peut étendre cette liste en incluant des termes dont la signification est moins consensuelle (« turquoise »), qui ne s'appliquent qu'à certains objets (« blond »), ou qui ne sont utilisés que dans certains contextes (« magenta » ou « gueules »). On peut aller plus loin en acceptant toutes les métonymies désignant une couleur par l'objet qui la porte. La liste des termes de couleur n'est alors plus vraiment limitée : saumon, carotte, abricot, bisque, corail, aurore, Sienne brûlée, etc. En poussant la précision, on arriverait à un nuancier des couleurs que l'on pourrait organiser à l'aide de codes alphanumériques. Cela est très utile dans certains métiers, mais les codes ainsi définis ne sont pas au sens propre des noms communs.

Les langues du monde font référence aux couleurs de façons très diverses, et avec quelques régularités remarquables. La *World Color Survey* (« Enquête mondiale sur les couleurs ») reste une ressource de référence dans ce domaine. Elle compile des données de reconnaissance et dénomination de couleurs pour 110 langues dans le monde. Cette base de données conclut à l'existence de termes de base (*basic terms*) pour les couleurs – ceux qui sont simples, fréquents, consensuels. Si l'on accepte cette définition, certaines langues n'ont que trois termes de couleur : essentiellement claire, sombre, chaude – cette dernière incluant le rouge et le jaune du français. D'autres langues ont quatre, cinq, six termes de base pour les couleurs, jusqu'à un maximum d'une douzaine. Comme déjà listé ci-dessus, le français aurait une dizaine de ces termes de base pour les couleurs.

Il est remarquable que les nuances désignées par ces mots ne soient pas distribuées au hasard, mais qu'elles se retrouvent d'une langue à l'autre. Lorsqu'on passe d'une langue ayant peu de termes à une autre en ayant un peu plus, chaque terme en plus vient découper une nuance de la langue moins dotée – par exemple « chaude » est remplacé par « rouge » et « jaune » – plutôt que proposer un découpage entièrement différent. Cette systématicité a permis de proposer une description structurée des découpages verbaux de l'espace chromatique et même d'envisager un processus d'évolution du lexique, de lexiques plus rudimentaires vers des lexiques plus affinés[11].

Ces régularités ont été attribuées à des contraintes perceptives, d'une part, et à des contraintes liées à l'usage et à l'utilité, d'autre part.

La perception des couleurs est le résultat d'un processus psychophysique complexe au cours duquel les longueurs d'onde composant chaque couleur sont combinées à différentes étapes et avec différents seuils pour arriver à l'impression chromatique ressentie. Ce processus, que l'on peut concevoir comme un filtrage, pourrait rendre certaines couleurs particulièrement saillantes, ou « focales », ce qui les rendrait plus communicables et en ferait de bonnes candidates pour être universellement nommées avec des termes basiques. Ces couleurs sont susceptibles d'une plus grande saturation, c'est-à-dire d'une plus grande différence par rapport au gris. Ce serait le cas en premier lieu du rouge et du jaune et, dans une moindre mesure, aussi du vert et du bleu. Le caractère focal pourrait aussi venir du fait que le processus psychophysique de perception rendrait ces couleurs plus stables au travers de différents types d'illuminations. Ces observations sont bien étayées empiriquement mais les interprétations ne font pas consensus ; les propriétés objectives du stimulus et les propriétés subjectives de sa perception se prêtent à des définitions variées qui génèrent de vifs débats sur les conclusions qu'on en tire[12].

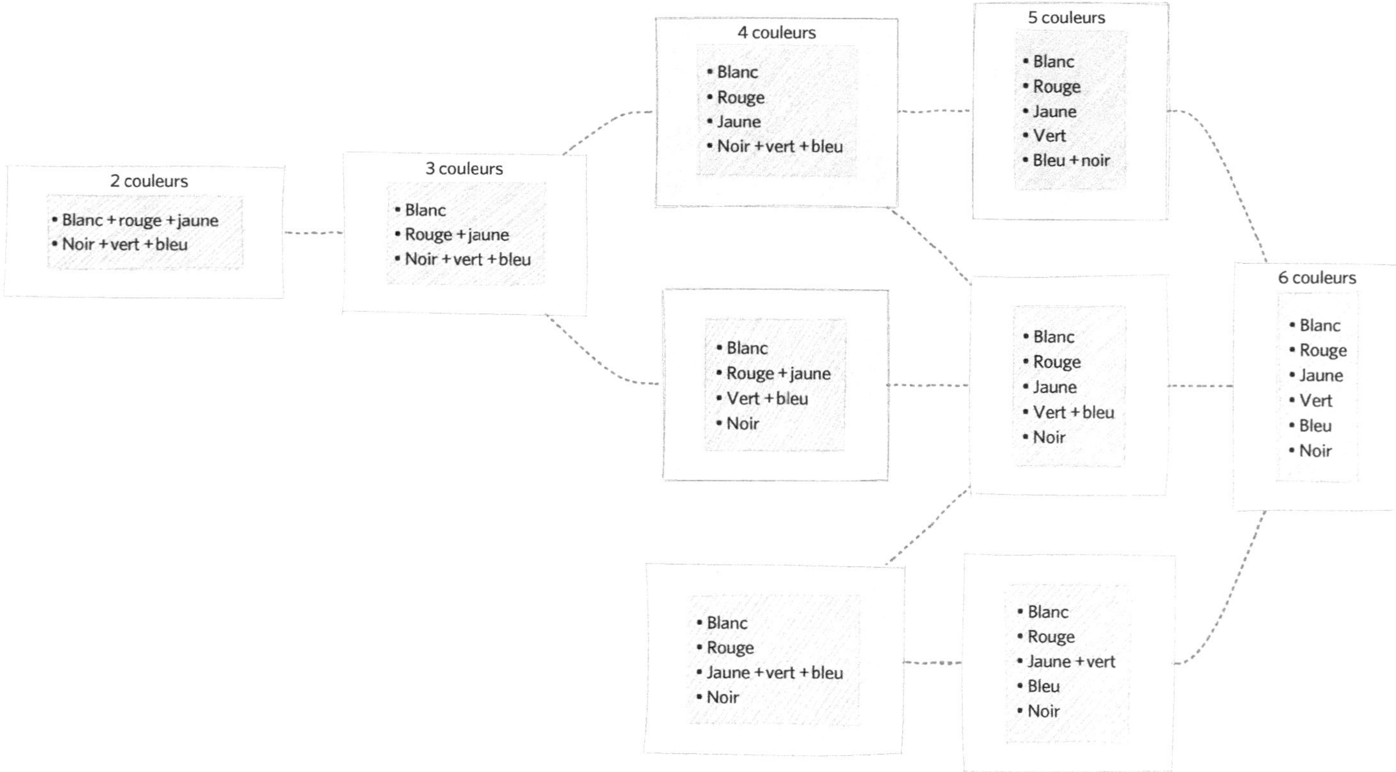

Figure 17. Les noms de couleur dans les langues du monde. Différentes langues possèdent des termes de base pour les couleurs en quantités différentes : deux, trois, quatre, etc. Les nuances désignables par chaque terme dans différentes langues sont listées ici sous une traduction approximative en français. Seules certaines des combinaisons possibles sont attestées.

(D'après Kay et Cook, 2015.)

D'un autre côté, les contraintes d'utilité opèrent aussi sur la sélection de nuances de couleur qui seront nommées dans une langue. Les humains trouvent des mots pour les concepts à propos desquels ils ont besoin de communiquer : les couleurs, mais aussi, nous l'avons dit, les « fac-similés » ou les « établissements d'hébergement pour personnes âgées dépendantes ». On dénombre plus de termes de couleur – basiques ou non – dans les langues parlées dans des cultures industrialisées que dans des cultures préindustrielles. L'industrialisation et la manufacture ont amené de nouveaux objets et ont modifié la fréquence d'occurrence des couleurs dans l'environnement. L'exemple le plus saillant est peut-être le bleu ; il y a (relativement) peu d'objets naturels qui sont bleus mais beaucoup d'artefacts de cette couleur. Ces intuitions peuvent être formalisées afin d'en mesurer l'influence sur l'usage lexical.

On peut d'un côté quantifier l'efficacité de la communication des couleurs au sein de chaque langue. Pour cela, il faut imaginer un « jeu de langage » au cours duquel deux personnes s'échangent de petites dalles de couleur d'un nuancier, en les nommant pour se faire comprendre : « passe-moi la dalle… genre euh… orange qui est à droite de la vert foncé. » On peut calculer la probabilité pour qu'une couleur soit décrite par tel ou tel mot, et, inversement, la probabilité que tel mot conduise à choisir telle couleur. Plus ces probabilités sont proches de 1, plus la langue est efficace à communiquer à propos de cette couleur. Ce type d'expérience révèle que les couleurs chaudes (dans les tons rouge, jaune, orangé, etc.) sont plus efficacement communiquées que les couleurs froides (dans les tons vert, bleu, etc.), et ce dans les 110 langues évaluées.

On peut d'un autre côté quantifier la distribution des couleurs dans l'environnement. C'est possible à grande échelle de nos jours grâce au traitement automatisé d'images par ordinateur. Une analyse de 20 000 photographies très variées prises à travers le monde révèle que les pixels correspondant à des objets étaient plus fréquemment de couleurs chaudes alors que les pixels correspondant au fond, au contexte ou au paysage étaient plus fréquemment de couleurs froides.

L'observation remarquable est la relation quantitative entre cette mesure d'efficacité et cette mesure de fréquence. Les langues semblent avoir optimisé la description chromatique des objets, plus que celles des fonds et des contextes, en raison possiblement de l'intérêt et de l'utilité relativement plus grands des premiers[13].

Parler de la famille

Comme les couleurs, des termes pour décrire les liens de parenté sont présents dans toutes les langues. En français, quelques principes permettent de les décrire : il y a une version masculine et féminine de chaque terme de parenté, les termes diffèrent d'une génération à l'autre, ils ne diffèrent pas entre la branche maternelle et paternelle. Pierre Dac pouvait donc souligner avec malice : « Si ma tante en avait, on l'appellerait mon oncle. » Du reste, il aurait pu ériger sa remarque en maxime universelle : dans n'importe quelle langue du monde, les frères et sœurs des parents sont toujours désignés par des termes différents selon leur genre. En revanche, d'autres distinctions ne s'appliquent pas partout. Dans la langue tzeltal, parlée au Mexique, la mère, la sœur de la mère (notre « tante ») et la nièce issue de l'oncle (mais pas celle issue de la tante) sont toutes désignées par le même terme ; dans d'autres langues, le terme partagé s'applique aux mêmes relations mais masculines : père, oncle, fils de la tante (et dans ce cas les relations féminines correspondantes ont des termes qui les distinguent)[14].

Si l'on considère les huit membres les plus proches d'un individu, il y a en théorie 4 140 organisations possibles de termes de famille les désignant (4 140 est le nombre de Bell de rang 8, c'est-à-dire le nombre de partitions différentes d'un ensemble à huit éléments). Dans une langue hypothétique, ces 8 proches parents seraient désignés par le même terme, dans une autre langue hypothétique 8 termes différents seraient employés, et au milieu on peut imaginer des langues où le même terme est employé pour certains membres mais pas tous. La plupart de ces 4 140 partitions n'existent dans aucune langue, seules 23 sont attestées. Les anthropologues ont classiquement classifié ces systèmes terminologiques en une demi-douzaine de familles (familles de langues !) selon la façon dont les membres de la famille y sont désignés. Chacune de ces 6 familles de langues suivrait les mêmes principes tout en présentant des variantes plus ou moins marquées ; à noter que les analyses les plus récentes sont venues questionner cette synthèse en 6 familles clairement distinguables[15].

Comme pour les couleurs, diverses causes ou principes peuvent expliquer la variation des termes désignant les liens de parenté. Les mots peuvent refléter l'organisation de la société, les rôles qui sont distribués au sein de la famille ou la fréquence avec laquelle on est amené à désigner ou s'adresser à telle ou telle relation. Qui se marie avec qui, ou qui habite avec qui, a ou va certainement façonner la façon dont on désigne et distingue les différents membres de la famille[16].

Les principes semblent aussi refléter la charge mentale que représente dans ce contexte la compréhension verbale de la structure familiale. Cette hypothèse peut s'évaluer, ici aussi, en définissant l'efficacité et la simplicité propres à chaque système de termes de parenté attesté. L'efficacité quantifie l'ambiguïté des termes, à quel point chaque terme désigne une seule personne ou pas. Plus il y a de termes différents, plus le système est efficace. La simplicité quantifie les nombres de règles ou principes qu'il faut formuler pour décrire le système des termes. Moins il y a de règles, plus le système est simple. Ces deux principes sont bien sûr opposés. L'analyse des systèmes de termes de parenté des langues du monde montre qu'elles suivent un principe d'arbitrage entre efficacité et simplicité. Ces affirmations doivent se comprendre par rapport à la myriade de systèmes qui peuvent être construits en combinant par hasard – ou pseudo-hasard – les membres qui sont désignés par le même terme. Aucun système existant n'est à la fois très efficace et très complexe, ou à la fois très inefficace mais très simple. De plus, si l'on modifie les systèmes existants en permutant ou réarrangeant quelques-uns des termes, on tombe généralement sur un système soit moins efficace soit plus compliqué, comme si les systèmes attestés représentaient une forme d'optimum (dit *de Pareto* dans d'autres contextes) entre complexité et efficacité[17].

Un objectif important serait d'étendre ces analyses formelles du sens au-delà de domaines relativement schématiques comme les couleurs ou les termes de parenté. C'est l'un des objectifs du domaine de la sémantique lexicale, et notamment des théories de *linguistique cognitive*. Celles-ci cherchent entre autres à formuler un ensemble restreint de sens dit « primitifs » qui peuvent se combiner pour donner lieu à la diversité des sens de tous les mots d'un dictionnaire. Il est plus difficile ici qu'avec les couleurs d'assigner une partie des contraintes qui façonnent les termes existants à des causes biologiques. Ce qui intéresse les théories actuelles c'est d'identifier les différentes contraintes et les mécanismes évolutifs qui ont pu donner naissance aux divers lexiques (dictionnaires) attestés à travers le monde[18].

Les sens dans le cerveau

Le cerveau aussi a son mot à dire sur l'organisation du sens des mots. Des indications très claires nous sont données par la démence sémantique, une pathologie neurodégénérative. Un signe clinique majeur de la démence sémantique est la difficulté à comprendre et utiliser le sens des mots. Cela commence par des erreurs discrètes où sont confondus des sens peu familiers ou vaguement techniques – par exemple, la batavia et la scarole, le banjo et la mandoline. Ces erreurs se propagent ensuite pour affecter des sens plus communs – la blette et les épinards, la guitare et le violon – avec un impact croissant sur les conversations quotidiennes. Puis vient le moment où les items ne sont plus désignés que par leurs catégories – un légume, un instrument de musique – ou bien ils sont mélangés à travers les catégories – prétendre que « ciseaux » est un nom d'animal. Les connaissances sur les référents de ces mots s'estompent progressivement, en commençant par les traits les plus secondaires – une mandoline est-elle plus ou moins grande qu'un banjo ? –, jusqu'aux traits les plus centraux – penser qu'une abeille est de couleur verte ou qu'une huître a bien quatre pattes puisque c'est un animal, etc.

La démence sémantique est caractérisée par l'atrophie progressive des parties antérieures du lobe temporal, démarrant parfois dans un seul hémisphère mais devenant le plus souvent bilatérale. Il y a une diversité des démences associées à la dégénérescence du lobe temporal, provoquées par diverses atteintes organiques. Elles peuvent prendre plusieurs formes fonctionnelles, affectant de façon plus ou moins invalidante la reconnaissance et la compréhension de sens de différents domaines (objets, visages, voix, etc.), dans différentes modalités (tactile, visuelle, auditive, etc.). Mais la caractéristique cardinale de la démence dite sémantique reste que la performance est affectée de façon notable à travers toutes les modalités ; sont déficitaires, en plus de l'usage des mots ou du langage, la reconnaissance d'objets, la compréhension de leur usage, la capacité à identifier les associations entre items, etc. Ce déficit a lieu alors que le traitement plus superficiel des stimuli est largement préservé : la discrimination perceptive (ces deux mots entendus sont-ils identiques ?) ou la copie sur modèle sont préservées. De même sont préservées nombre d'autres fonctions cognitives comme l'attention, la mémoire récente, le raisonnement, etc. La démence sémantique met ainsi en relief la distinction entre le traitement sensoriel ou périphérique des informations et une connaissance plus profonde et transversale, celle du sens[19].

On résumerait bien ces observations en écrivant que la démence sémantique affecte les connaissances du monde à un niveau abstrait, « amodal », c'est-à-dire distinct des modalités perceptives et motrices. Ce résumé est aligné avec certains modèles des connaissances sémantiques formulés en psychologie cognitive il y a une cinquantaine d'années, inspirés par des siècles de réflexions philosophiques. Dans ces modèles, les connaissances seraient abstraites et organisées par classes *taxonomiques* (par exemple « les animaux », « les légumes »), en niveaux d'abstraction croissants (par exemple, *Médor* au plus précis, puis épagneul, puis chien, puis mammifère), etc. Les classes ont des critères d'inclusion et d'exclusion assez nets même si les frontières entre elles ne sont pas parfaitement étanches – la tomate est un *fruit* ou un *légume* selon le contexte. Ces connaissances seraient stockées sous la forme de représentations localisées fonctionnellement – c'est-à-dire avec une représentation indépendante par unité de sens – et déconnectées entre elles. Une lésion impactant ces représentations, par exemple au lobe temporal, affecte l'utilisation des connaissances dans n'importe quelle tâche ou modalité[20].

Une difficulté avec cette approche est celle de décrire comment émergent ces représentations amodales. Nombre d'entre elles, sinon toutes, doivent être apprises au contact du monde. Cette dimension « expérientielle » de la connaissance conduit à proposer divers modèles incluant un double codage. Ce double codage se compose d'une part de représentations amodales des sens des mots décrites ci-dessus et, d'autre part, de représentations liées aux processus et aux aires cérébrales impliqués dans le traitement des informations de chaque modalité sensori-motrice : le lobe occipital pour la vision, le lobe temporal supérieur pour l'audition, le lobe pariétal antérieur pour les sensations, et plus généralement l'olfaction, l'émotion, la motricité, etc. Avec un tel double codage, comprendre un mot dont le sens implique une modalité sensorielle se fait en activant les aires cérébrales correspondantes. En résumé, dans cette approche, la compréhension du sens des mots implique une part d'activation de représentations taxonomiques et une part de simulation mentale des sensations et mouvements associés aux sens. On peut imaginer ce processus en pensant à la façon dont serait comprise la phrase : « Pour commencer à préparer la sauce, écrasez la tomate avec des feuilles de basilic et chauffez-les doucement dans une poêle. »

Le réseau cérébral ainsi conçu a été illustré par comparaison à une roue de bicyclette. Au centre de la roue, en fait dans la partie antérieure du lobe temporal, se situe un moyeu où sont stockées les représentations amodales. De ce moyeu partent les rayons de la roue, des connexions vers les différentes aires impliquées dans les processus sensoriels et moteurs. La jante est composée des différentes aires sensorielles situées en périphérie de ce système. Un concept clef est celui de convergence entre les modalités. Lorsque plusieurs modalités sensorielles ont tendance à coïncider – la couleur et l'odeur de la tomate –, cet aspect du sens sera encodé dans des représentations binaires, ternaires, et donc déjà plus abstraites que celles limitées à une seule modalité. Ces aires intégrant des connaissances de plusieurs modalités sont aussi situées dans le lobe temporal mais plus en arrière, dans le gyrus temporal moyen, ou bien dans une zone de convergence du lobe pariétal inférieur. Les détails varient d'un modèle à un autre, car les données et les théories n'ont pas permis de trouver un accord définitif. L'idée essentielle est que les sens sont stockés et traités dans une hiérarchie d'aires cérébrales qui intègre le pôle temporal, des aires d'intégration multimodales temporales et pariétales, et les aires sensorielles[21].

L'accent mis sur une représentation sensori-motrice de mots désignant des réalités matérielles ne nous affranchit pas du besoin d'expliquer le codage cérébral des mots dit « abstraits », dont le sens semble moins ancré dans l'expérience sensorielle. Un bon exemple est « commencer », que nous venons de croiser dans :

« Pour commencer à préparer la sauce, écrasez la tomate avec des feuilles de basilic et chauffez-les doucement dans une poêle. » Son sens peut être très sensori-moteur, quelque chose comme « provoquer la transition entre observation des ingrédients et mouvements coordonnés de préparation ». Mais « commencer » a aussi des sens moins sensoriels et plus conceptuels, pertinents pour cette même phrase et dans nombre d'autres contextes. Y a-t-il un moyen d'ancrer des sens aussi diffus que ceux des mots « commencer », « préparer », mais aussi « justice », « éducation », etc. sur la base de simples expériences sensorielles ? Les allégories prouvent que ça marche jusqu'à un certain point. La justice est personnifiée les yeux bandés, signalant son impartialité, portant une balance dont l'équilibre physique pointe vers l'équilibre moral, un glaive dont le tranchant indique la puissance et la détermination, etc. De plus, toute justice ou injustice peut susciter une émotion qui sera bel et bien expérimentée, ressentie. L'agrégation de ces différentes expériences propres à la justice pourrait être à l'origine de la compréhension que nous avons du mot. De même, l'expérience de plusieurs situations concrètes décrites par « commencer » peut nous amener à extraire de représentations sensorielles des constantes dans un format plus abstrait. Plus généralement, cette hypothèse propose que la construction des représentations cérébrales du sens des mots abstraits soit issue de l'agrégation de différents primitifs sensoriels et émotionnels[22].

Le double codage concerne aussi une tout autre façon d'envisager la construction des sens qui n'est pas issue de l'expérience sensible. Les mots que nous connaissons déjà nous aident à construire le sens des mots que nous ne comprenons pas encore. C'est le cas lorsque nous utilisons un dictionnaire ou, sans cette recherche explicite, lorsque nous comprenons un mot inconnu par la façon dont il est inséré en contexte, par exemple notre première rencontre avec le mot « perspective » dans un roman russe. Cette construction du sens à partir de la cooccurrence de mots, indépendamment des expériences sensorielles, s'appuie sur les capacités d'apprentissage statistiques des cerveaux que nous avons déjà mentionnées. L'interprétation de données d'activité cérébrale plaide en faveur d'une telle représentation des sens issue du traitement des mots de la langue plutôt que des expériences du monde. Ces données pointent vers certaines des aires amodales déjà évoquées : le long du gyrus temporal moyen, dans le lobe temporal antérieur (bien sûr), la partie inférieure du lobe temporal à sa jonction avec le lobe temporal[23], etc.

*

Les mots que nous employons ne sont pas apparus par hasard. Ils ont été façonnés par des forces opposées, à l'interface de contraintes cognitives, de caractéristiques du monde environnant, de besoins qu'il suscite. Ces mots et leurs sens résident de façon relativement structurée dans certains réseaux cérébraux. Le temps d'une vie, ils sont appris, utilisés ou se désagrègent ; ils restent stables ou bien ils évoluent, en quelques années ou quelques siècles[24]. On parle volontiers de langues vivantes, par opposition à des langues qui seraient mortes. Parmi les choses les plus vivantes d'une langue, il y a les mots qui la composent, sortes d'entités biologiques naturelles. Ces entités « naturelles » coexistent également avec des entités artificielles depuis que les ordinateurs semblent s'être emparés de notre langage.

CHAPITRE 9

Les mots doux à la matrice

Un programme d'ordinateur peut manipuler des mots codés sous forme orthographique. Ses possibilités se décuplent si on emploie des codes numériques reflétant des propriétés de forme ou de sens. Un programme peut aussi calculer la probabilité d'un mot à venir. La combinaison de ces méthodes, et de quelques autres ingrédients, a permis l'émergence de puissants modèles informatiques de langage.

Au début d'une partie d'échecs, faut-il se réjouir de jouer les blancs ou les noirs ? Parmi toutes les parties jouées à ce jour, il est un peu plus fréquent que les blancs gagnent. Jouer en premier donnerait aux blancs l'« avantage du trait ». En général, donc, les blancs sont préférés. Admettons.

Lorsqu'on a les blancs, quelle est la meilleure chose à faire ? D'après les règles du jeu, on peut déplacer n'importe quel pion d'une ou deux cases – 20 options – ou bien l'un des deux cavaliers chacun vers deux positions possibles – 4 options –, soit un total de 24 options. Parmi les options considérées comme les plus solides, on peut avancer de deux cases le pion du roi ou bien celui de la reine. Nombre de discussions ont comparé les mérites respectifs de ces ouvertures sans arriver à une conclusion définitive. Si on jouait machinalement, on pourrait choisir au hasard ; jouons le pion du roi. Les noirs ont alors plusieurs possibilités classiques de répondre – défenses française, sicilienne, scandinave, etc. –, chacune impliquant des mouvements bien précis. Le choix par les noirs de l'une de ces options va façonner les réponses possibles des blancs, et ainsi de suite à tour de rôle.

Aux échecs, la pertinence d'un coup à suivre peut être théorisée par une analyse structurelle du jeu, en caractérisant des forces et des faiblesses de la position en cours. Ou bien, très différemment, la pertinence peut être calculée comme la probabilité de victoire finale associée à chaque mouvement possible. Ce calcul est possible grâce à de grandes bases de données de parties passées. Il est bien établi et bien connu que le jeu d'échecs se prête à une telle analyse quantitative du déroulement des parties. Les calculs permettent à une machine de jouer très efficacement mais sur la base d'une appréhension du jeu qui n'est généralement pas comparable à la compréhension qu'en ont les humains[1].

Eh bien il se trouve que c'est pareil pour les mots. Le philosophe Ludwig Wittgenstein a fait remarquer il y a longtemps que la question : « Qu'est-ce qu'un mot, vraiment ? » est analogue à la question : « Qu'est-ce qu'une pièce aux échecs[2] ? » Les ordinateurs l'ont bien « compris » dès lors que l'on a réussi à leur « expliquer » de façon « appropriée » le « fonctionnement » du langage.

Un sac de mots

Aux échecs les pièces ont une valeur relative, une position géométrique et des propriétés de déplacement différentes. Un programme d'ordinateur qui traite du langage n'aura pas affaire à des pièces mais à du matériel verbal comme des textes. Dans une des versions les plus simples, le programme identifie dans ces textes les mots présents pour établir une liste, appelée dans certains cas un « sac de mots ». Cette expression souligne qu'il n'y a dans cette représentation la plus simple possible ni valeurs ni distances relatives, contrairement aux pièces du jeu d'échecs. Pour un mot, être dans le sac c'est simplement être identifié comme existant dans la langue. Nous pouvons étiqueter chaque mot dans le programme avec un code correspondant à sa graphie habituelle, par exemple le code « VEDETTE » pour le mot vedette. Cela peut rendre la compréhension humaine de la base de données très intuitive. Un sac de mots simple ainsi défini permet à une machine la résolution sommaire de problèmes de langage tels que la recherche d'informations.

Partons d'une grande collection de textes dans laquelle nous souhaitons rechercher des informations à propos de « vedette ». Un programme qui connaît cet item va pouvoir compter le nombre de fois que ce mot cible apparaît dans chacun des textes de la base de données. Un texte où le mot apparaît plus souvent est réputé plus pertinent pour comprendre le mot lui-même, et inversement lorsque le mot apparaît peu ou pas du tout. Avec cette hypothèse simple, il suffit d'ordonner les pages par ordre de quantité d'occurrences du mot « vedette » et de les présenter comme résultat de la recherche. La machine trouve des textes – ou documents ou pages Web – pertinents et les présente dans un ordre raisonnable et utile, sans avoir véritablement compris le sens du mot ni le contenu des pages de la base de données. C'est par exemple le principe général des moteurs de recherche Internet, en tous les cas à leurs débuts. Le sac de mots ainsi décrit a pour lui sa simplicité, mais il présente quelques limites. Chaque mot ayant un code unique précis, il ne souffrira d'aucune approximation. Telle que décrite ci-dessus, la recherche d'information à partir de « vedettes » rapportera des résultats qui pourraient être assez différents de la recherche à partir de « vedette » ; « vedete » – qui n'est pas répertorié car incorrectement orthographié – ne rapportera aucune page, etc. Cette difficulté peut être contournée en ajoutant un prétraitement avant la recherche : lorsqu'un code de requête n'apparaît pas dans la liste, on peut le normaliser par comparaison aux mots du sac, par exemple en utilisant la proximité des lettres sur le clavier pour anticiper les fautes de frappe, ou tout autre critère. Cette fonctionnalité est au cœur des correcteurs d'orthographe de notre quotidien.

Une autre difficulté, inhérente à la définition du sac de mots, est que les mots n'y ont aucune relation entre eux. Ils sont comme des îles isolées les unes des autres. Dans un tel sac de mots, « vedette » n'a pas de relation particulière avec « vedettes », « belette », ou bien « star », alors que nous, humains, avons des intuitions fortes sur chacune de ces relations. Ainsi, si un ordinateur cherche des pages contenant « vedette », croiser « vedettes » ou « star » dans une page n'augmentera pas sa pertinence ni son rang, alors que l'humain remarque la pertinence de ces occurrences. Pour les mêmes raisons, il est impossible pour l'ordinateur de manier les différents sens associés au mot « vedette » – la star, la vigie, le bateau, etc. – puisqu'un seul code VEDETTE lui est fourni qui les confond tous. Proposer de recoder VEDETTE en VEDETTE_1, VEDETTE_2, etc. pour chaque sens associé au mot ne marche qu'à moitié. Ces nouveaux codes sont arbitrairement différents donc ne reflètent pas l'homographie, le fait que tous les sens sont associés à la même forme écrite exactement. Plus ennuyeux, ces nouveaux codes obligent à marquer à la main la variante de « vedette » pertinente sur chacune des pages de la (très grande) base de données textuelles. Ces problèmes convergent sur la nécessité d'un codage plus élaboré des nombreux types de relations existant entre les mots. Les représentations de mots dans leur sac, lisibles et interprétables par des humains, sont abandonnées au profit de représentations d'apparence plus absconse.

Les mots dans un espace vectoriel

Repartons du mot « vedette ». Plutôt qu'un simple code dans le sac, nous pouvons décider de lui attribuer une représentation numérique plus complexe sous la forme d'un vecteur, c'est-à-dire à dire une liste ordonnée de n nombres décimaux :

$$\text{vedette} = [v_1, v_2, v_3, \ldots, v_n].$$

« Vedette » n'est plus seulement une entrée dans un dictionnaire, c'est désormais aussi un point dans un espace de dimension n. La proposition est révolutionnaire car elle nous fait passer d'une représentation discrète à une représentation continue. Cela met à notre disposition nombre d'outils mathématiques – le calcul matriciel, l'algèbre et l'analyse – pour manipuler les mots. Plus besoin de définitions exhaustives, de longs discours ou de querelles byzantines sur le sens des mots ; dans ce modèle, ce sont des calculs vectoriels, diagonalisations, transpositions et métriques qui vont fournir les réponses à ces questions. Pour qu'une telle proposition soit réalisable, toutefois, il faut que les nombres composant le vecteur de chaque mot ne soient pas des valeurs arbitraires ; cela nous ramènerait au sac de mots sans ordre ni structure. Au contraire, la position de chaque mot dans l'espace doit refléter, d'une façon ou d'une autre, des propriétés pertinentes telles que la forme ou le sens[3].

En codant la forme des mots, on peut commencer à s'attaquer au problème de transcription de la parole, c'est-à-dire la conversion du langage oral en texte écrit. Par exemple, chaque mot peut être codé par le vecteur correspondant à une prononciation canonique enregistrée numériquement. Le code VEDETTE est désormais un enregistrement de « vedette » prononcé avec une articulation particulièrement soignée, ou particulièrement moyenne. Cet enregistrement sert de modèle étalon auquel on viendra comparer les signaux acoustiques de parole que l'ordinateur doit reconnaître. Si une ressemblance suffisante est établie entre le signal et le modèle, la machine rapportera avoir décodé « vedette » avec une probabilité élevée.

Malheureusement, ce type de solution ne fonctionne pas très bien en raison de la très grande variabilité du langage oral. À l'oral, un enregistrement de qualité moyenne peut faire confondre « vedette » et « belette ». Un même mot peut être prononcé plus ou moins rapidement, conduisant à des objets acoustiques très différents. Dans ce cas, la normalisation visera à optimiser la similarité entre les variantes possibles du mot à transcrire et le modèle étalon. Cela a pu se faire au moyen d'une *déformation temporelle dynamique*, sorte d'accordéon mathématique appliqué à la représentation acoustique. Cette opération étire ou compresse des parties du signal pour trouver le meilleur alignement possible indépendamment de la vitesse de prononciation de chaque mot ou fragment. Mais les sources de variation sont beaucoup plus nombreuses que le simple débit de parole : position dans la phrase, forme interrogative ou exclamative, intentions et le contexte de la prononciation, etc.

Plutôt que la forme, on peut essayer de coder le sens des mots. Distinguons à nouveau deux dimensions. Le sens a un aspect référentiel, qui pointe à l'extérieur du langage sur ce que le mot veut dire, son signifié. Par exemple, « lapin » désigne les animaux mammifères lagomorphes à grandes oreilles. Mais le sens a aussi un aspect d'usage qui pointe à l'intérieur du langage sur les façons dont le mot est employé, son contexte. Par exemple, « lapin » se trouve plus souvent employé à proximité du mot « carotte » que du mot « épinard » et cette cooccurrence nous dit quelque chose sur le sens du mot « lapin[4] ».

Appréhender l'aspect référentiel demanderait d'informer l'ordinateur sur la réalité complexe et diverse de ce qu'est un lapin. En revanche, il est relativement facile de faire savoir à une machine que « lapin » et « carotte » sont proches dans tel ou tel paragraphe. Pour ces raisons, le traitement automatique des langues a commencé par négliger l'aspect référentiel du sens en se focalisant sur les contextes d'usage, sur la distribution des mots dans les textes. L'hypothèse cardinale est que l'on peut approcher le « sens » d'un mot, sans véritablement le comprendre, en analysant des propriétés des contextes où il apparaît. Des mots dont les sens sont proches – par exemple, les paires vedette-star ou sofa-canapé – sont sûrement utilisés dans des contextes plus similaires que si leurs sens étaient très différents – les paires vedette-sofa ou star-canapé. Cette approche est implémentée dans les modèles d'analyse sémantique distribuée (en anglais DSM, pour *distributed semantic analysis*) dont un exemple classique est l'analyse sémantique latente (en anglais LSA pour *latent semantic analysis*)[5].

Construisons donc un modèle LSA du sens de mots. Pour cela, considérons une grande quantité de texte. Dans l'étude originale il s'agissait d'une encyclopédie écrite pour un public d'adolescents et comportant plus de 30 000 entrées ; de nos jours on pourrait aussi bien prendre le site Wikipédia francophone ou d'autres ressources textuelles similaires. On définit à partir du corpus deux collections : celle des mots d'intérêt et celle des documents. Les mots d'intérêt sont ceux qui apparaissent au moins deux fois dans le corpus. Les documents sont les articles de l'encyclopédie, tronqués à 2 000 caractères s'ils étaient plus longs que ça ; cela donne des textes dont la longueur est de l'ordre d'un long paragraphe. En chiffres, on se retrouve avec M = 60 768 mots et P = 30 473 paragraphes, que nous arrondirons à 60 000 et 30 000 respectivement. (Le fait qu'il y ait le double de mots que de paragraphes est une coïncidence.)

Il faut maintenant imaginer une matrice avec M lignes et P colonnes. Chaque mot m est représenté dans cette matrice par une ligne dont les coordonnées sont le nombre de fois que le mot apparaît dans chacun de 30 000 paragraphes p. En somme :

$$
\begin{array}{r}
\text{abaissa} \\ \vdots \\ \vdots \\ \text{vedette} \\ \text{végétal} \\ \vdots \\ \vdots \\ \text{zygomatique}
\end{array}
\begin{bmatrix}
a_1 & a_2 & a_3 & \cdots & & & & a_p \\
 & & & & & & & \vdots \\
 & & & & & & & \vdots \\
0 & 0 & 0 & \cdots & 7 & \cdots & 2 & \cdots \\
0 & 3 & 0 & \cdots & 0 & \cdots & 0 & \cdots \\
 & & & & & & & \vdots \\
 & & & & & & & \vdots \\
z_1 & z_2 & z_3 & \cdots & & & & z_p
\end{bmatrix}
$$

De cette manière, l'occurrence à travers les paragraphes positionne chaque mot dans un « espace global » comportant P dimensions où les intuitions et les outils de l'algèbre linéaire s'appliquent naturellement. Par exemple, deux mots qui sont utilisés dans les mêmes paragraphes auront des coordonnées similaires ; ils seront donc localisés « à proximité ». Plus généralement, la proximité de deux mots peut être calculée en combinant les coordonnées des deux vecteurs-lignes correspondants. (La formule la plus usuelle est la similarité cosinus, à savoir le produit scalaire divisé par le produit des normes.)

Étant donné le très grand nombre de mots et leur distribution d'usage selon la loi de Zipf déjà discutée – beaucoup de mots sont très peu fréquents, figure 16 –, la plupart des mots n'apparaissent pas dans la plupart des paragraphes. Chaque ligne aura donc beaucoup de zéros, même si chaque ligne aura forcément quelques coordonnées non nulles, et au moins deux : les colonnes correspondant aux paragraphes où le mot est utilisé une ou plusieurs fois. Malheureusement, cette propriété compromet l'extraction efficace d'informations, notamment la proximité du sens à partir de la cooccurrence. Les calculs mesurant les distances auront le plus souvent des résultats nuls ou infimes, sans grandes différences d'une paire de mots à une autre. Tous ces zéros diluent l'information utile.

Pour s'en débarrasser, diverses stratégies ont été imaginées. Le sens d'un mot apparaissant dans de nombreux paragraphes sera plus évasif que celui d'un mot dont le même nombre d'occurrences est ramassé sur un petit nombre de paragraphes. À partir de cette observation, on peut définir des coefficients de normalisation des occurrences pour chaque mot. Ces calculs de probabilités tiennent compte non seulement de la présence d'un mot dans un paragraphe – comme ci-dessus – mais aussi de la dispersion de ces occurrences[6]. Les coefficients ainsi obtenus sont plus informatifs que les décomptes bruts.

Dans une approche complémentaire, appelée décomposition en valeurs singulières, la dimension de la grande matrice pleine de zéros est réduite par projection dans un espace plus petit. Ces calculs peuvent être comparés à l'opération qui fait passer d'un objet dans l'espace à son ombre portée sur un mur. L'ombre projetée d'un objet transforme sa représentation volumique (trois dimensions) en une représentation plane (deux dimensions). Cette réduction de dimensionnalité génère parfois des déformations mais, si on choisit bien l'orientation, l'objet restera reconnaissable. En plus de simplifier, l'ombre portée permet de révéler certaines similarités. Par exemple, des points symétriques dans la forme de l'objet pourront se retrouver proches ou identiques dans la projection. Dans l'exemple en cours, les 60 000 dimensions de départ sont projetées dans un espace de dimension 300, tout en préservant au mieux leurs positions relatives et en rapprochant des points qui ont des propriétés communes.

La nouvelle matrice pertinente comporte donc encore une ligne par mot mais désormais seulement 300 colonnes. Les nouvelles coordonnées représentent un distillat de la distribution originale des mots à travers tous les paragraphes du corpus. Les 300 colonnes ne sont plus les paragraphes d'origine, ce sont des dimensions peu intuitives, plus ou moins interprétables, dites dimensions « latentes[7] ». La plupart des coordonnées ne sont plus zéro mais des valeurs positives ou négatives permettant des calculs plus signifiants et révélateurs.

La réduction de dimensionnalité agrège différentes formes de similarités, plus ou moins fortes, plus ou moins directes qui, sans cela, sont éparpillées à travers les 30 000 paragraphes. Ce n'est pas seulement le fait que « lapin » coïncide avec « carotte » – cooccurrence au premier ordre. C'est tout à la fois comment la présence de « lapin » près de « carotte » exclut celle de « bœuf », qui pourtant a des cooccurrences avec « carotte » dans d'autres contextes, le fait que ni « lapin », ni « bœuf », ni « carotte » ne coïncident avec « crayon », etc. C'est bien sûr par ce que le système dispose d'une très grande quantité de texte que ces coïncidences peuvent être porteuses de sens. Faire une réduction de dimensionnalité sur deux douzaines de mots ou une vingtaine de paragraphes ne vous apprendra pas grand-chose.

Conformément à l'hypothèse du sens comme usage des mots en contexte, il se trouve que ces coordonnées codent de façon assez satisfaisante la proximité des sens des mots entre eux. Une preuve notoire a été avancée sur la base du célèbre ToEFL, le « Test of English as a Foreign Language », que l'on peut être amené à passer pour évaluer ou justifier son niveau de maîtrise de l'anglais comme langue seconde. Dans un questionnaire à choix multiple (QCM) des mots cibles sont présentés, chacun avec quatre mots test. La tâche des humains, et de l'ordinateur, est de déterminer lequel des quatre mots tests avait le sens le plus proche du mot cible. Les humains répondent en cochant des cases sur une feuille ; l'ordinateur répond en calculant la distance entre la représentation du mot cible et les représentations de chacun de quatre mots test et en choisissant le mot dont la distance vectorielle est la plus basse. Le niveau moyen observé pour des étudiants et étudiantes non natifs présentant une candidature à une université aux États-Unis et la performance de l'ordinateur étaient comparables, toutes deux proches de 51 % de réponses correctes. (Répondre au hasard produit 25 % de réponses correctes.) D'autres évaluations du modèle sont venues corroborer ces observations arguant en faveur d'une représentation du sens dans les coordonnées compressées des mots[8]. Un exemple marquant est que l'analyse de la cooccurrence de noms de lieux dans des textes permet d'estimer leurs coordonnées géographiques réelles en France, aux États-Unis, en Chine et même dans la Terre du Milieu des romans de J. R. R. Tolkien[9].

Ainsi, un calcul matriciel complexe dans sa mise en œuvre manuelle mais relativement simple conceptuellement permet d'extraire du sens à partir de cooccurrences de mots dans des textes. Il est remarquable que cette façon de coder le sens ne s'appuie pas du tout sur les catégories usuelles de la sémantique lexicale décrite en linguistique : synonymes, antonymes, hyperonymes, hyponymes, etc.

Les phrases aussi comme vecteurs

Compter permet donc à la machine de comprendre le sens des mots, au moins jusqu'à un certain point. Mais notre usage courant du langage va plus loin. Les cerveaux sont capables de manipuler des sens plus complexes que celui des mots isolés, en combinant des mots dans des phrases[10]. Qu'est-ce que le sens d'une phrase ou d'un énoncé, et est-ce qu'il serait lui aussi accessible à la machine ? Cette question a commencé par être posée à propos de contenus très circonscrits, en faisant réaliser au programme d'ordinateur des tâches linguistiques précises. Un cas très classique est le classement de phrases pour déterminer si elles formulent un jugement favorable, défavorable, neutre, etc. Cette question très spécifique a été motivée, notamment, par l'analyse du contenu verbal des réseaux sociaux, des commentaires sur les sites marchands ou des forums de discussion sur Internet.

Une phrase peut être représentée de façon vectorielle, comme cela a été fait pour les mots et les paragraphes ci-dessus. Dans une très grande matrice décrivant le corpus étudié, chaque ligne représente un mot du vocabulaire et chaque colonne une des phrases d'intérêt. Les coordonnées de la phrase représentent le nombre de fois que chaque mot y apparaît. Une colonne pourra être :

$$\overrightarrow{\text{phrase A}} = \text{« il la trouva franchement laide »} = \begin{bmatrix} \vdots & \vdots \\ \text{je} & 0 \\ \text{tu} & 0 \\ \text{il} & 1 \\ \text{la} & 1 \\ \text{lui} & 0 \\ \text{elle} & 0 \\ \text{va} & 0 \\ \text{trouva} & 1 \\ \vdots & \vdots \end{bmatrix}$$

(Louis Aragon, *Aurélien*).

Une autre sera :

$$\overrightarrow{\text{phrase C}} = \text{« Va, je ne te hais point »} = \begin{bmatrix} \vdots & \vdots \\ \text{je} & 1 \\ \text{tu} & 0 \\ \text{il} & 0 \\ \text{la} & 0 \\ \text{lui} & 0 \\ \text{elle} & 0 \\ \text{va} & 1 \\ \text{trouva} & 0 \\ \vdots & \vdots \end{bmatrix}$$

(Corneille, *Le Cid*), etc.

Nous savons que la phrase A d'*Aurélien* est défavorable et la phrase C du *Cid* plutôt favorable. La tâche de compréhension consistera pour l'ordinateur à associer à chaque phrase ainsi codée un jugement : soit favorable, soit défavorable. Nous avons donc ramené le problème de compréhension, dans ce contexte précis, à un problème de classement en deux catégories. Cela revient à travailler avec une fonction mathématique mettant en relation des vecteurs de grande dimension – les phrases – avec l'une de deux valeurs possibles – favorable codée comme +1 et défavorable codée comme –1. (Le neutre et autres nuances de jugement sont ignorés pour simplifier, mais un modèle mathématique un peu plus élaboré, avec un espace d'arrivée plus vaste, permettrait de les introduire.)

En langage châtié, on peut écrire que la compréhension consiste en une fonction :

$$f: \mathbb{R}^m \rightarrow E$$

associant chaque phrase de dimension m – le nombre de mots du lexique utilisé, c'est-à-dire le nombre de lignes – à l'ensemble fini $E := \{-1; +1\}$.

Une interprétation graphique simplifiée peut aider à se représenter cette fonction, en ne considérant que 2 des *m* dimensions. Chaque phrase est alors un point dans le plan ($\mathbb{R}^2$) ; certaines sont favorables, d'autres sont défavorables ; il faut trouver un critère pour les distinguer. En utilisant des opérations d'algèbre linéaire, un vecteur phrase de dimension m peut être multiplié par une ou plusieurs matrices, notées M, pour arriver à un simple nombre réel j :

$$\overrightarrow{\text{phrase A}} \times M = j,$$

dont le signe, positif ou négatif, donne le résultat du classement de cette phrase : respectivement jugement favorable ou défavorable.

Cette démarche étant posée, il reste bien sûr à trouver les bonnes matrices qui associent correctement à chaque phrase le bon jugement. Pour cela, il faut une ressource supplémentaire : une base de données de phrases annotées. Pour chacune de ces phrases, un humain s'est prononcé et a attribué une valence +1 (la phrase formule un avis favorable) ou bien –1 (le contraire). Cette ressource va servir de référence pour guider l'identification des coefficients optimaux de la matrice M, par exemple en résolvant un problème dit de « régression logistique ». Sous certaines conditions, les matrices identifiées sur la base annotées fonctionnent bien sur des phrases que le modèle n'a jamais vues auparavant. La phrase A est relativement simple et similaire à de nombreuses autres phrases, elle devrait être facile à traiter par la machine. La phrase C a une structure plus enchevêtrée et rare et produira sûrement plus d'erreurs.

Probabilités et séquences

Ces modèles sémantiques distribués DSM permettent de passer d'une représentation en sac de mots à *une représentation spatiale porteuse de sens*. Un peu paradoxalement, on arrive à ce résultat alors que les contextes, paragraphes et phrases utilisés pour la construction sont eux-mêmes traités comme des sacs de mots. En effet, les représentations matricielles et vectorielles ci-dessus ne changent pas beaucoup – elles sont mathématiquement équivalentes – si l'on permute l'ordre des lignes ou bien l'ordre des colonnes. Les séquences de cinq mots « il la trouva franchement laide », « franchement il la trouva laide », ou « franchement la laide il trouva » ont des représentations vectorielles équivalentes ; changer l'une pour l'autre dans un corpus produirait les mêmes résultats.

Un modèle qui ne tient pas compte de l'ordre des mots traite les phrases comme des tirages du Loto. Chacun des cinq numéros gagnants est bien identifié, c'est crucial, mais l'ordre dans lequel ils sont apparus lors du tirage est ignoré. (Contrairement aux boules de Loto, les mots ne sont pas équiprobables : leur probabilité d'apparition est liée à leur fréquence d'usage dans la langue.) Or les séquences données en exemple au paragraphe précédent ont des sens différents, ou pas tellement de sens, en raison même de l'ordre des mots, porteur d'informations qu'il serait souhaitable de voir prises en compte par le modèle. Dire l'ordre c'est aussi dire les positions relatives : quel mot peut venir ou ne pas venir avant tel autre. Ainsi, la contrainte d'ordre peut être formalisée en termes des probabilités des mots à venir étant donné les mots précédents.

L'observation qu'un contexte linguistique contraint de façon plus ou moins certaine sa continuation n'est pas nouvelle. Son acte de naissance est usuellement situé au début de l'an 1913, dans la Russie du tsar Nicolas II. À cette époque, le mathématicien Andreï Andreïevitch Markov cherche à formaliser une description des événements dont les probabilités d'occurrence ne sont pas indépendantes les unes des autres. C'était pour amener la théorie des probabilités plus loin que les exemples paradigmatiques d'événements probabilistes, tels que l'issue d'un lancer de pièce à pile ou face, ou d'un dé. Si de tels événements se répètent – plusieurs lancés – chaque issue ne dépend pas des événements précédents, et l'issue d'un tirage donné ne contraint pas le tirage suivant.

Cette indépendance qui convient aux dés ne convient pas à de nombreux événements naturels. Simplifions la météo du jour comme un événement aléatoire prenant chaque jour une valeur parmi trois possibles : il fait chaud, il fait bon ou il fait froid. La météo de demain dépend assurément en partie de la météo d'aujourd'hui et, dans une certaine mesure, de la météo des jours précédents. Prenons les événements dans leur ordre chronologique d'apparition et essayons de prédire la météo de demain. Sans information à propos de la météo du jour, cette prédiction va refléter la distribution de jours ou il fait chaud, bon ou froid dans l'année ; simplifions en postulant des probabilités pour chaud (1/6), bon (2/3) et froid (1/6). Si nous apprenons la météo du jour, nous voudrons peut-être ajuster ces valeurs ; par exemple, après une journée où il fait chaud il est plus probable qu'il fasse chaud que froid. Si nous apprenons la météo du jour et de la veille, nous ajusterons différemment, et ainsi de suite selon la longueur de jours pour laquelle la météo est disponible. Une connaissance de l'état actuel ou des états récents permet d'anticiper, avec un certain niveau de certitude, l'état suivant ; ces observations météos – événements ou tirages – ne sont pas indépendantes les unes des autres.

Pour mettre à l'épreuve ses idées sur les probabilités, Markov a l'idée de les appliquer à une base de données un peu originale mais directement disponible : la séquence de lettres qui composent les vers du célèbre roman *Eugène Onéguine* d'Alexandre Pouchkine. Pour cela, il réduit la complexité alphabétique et typographique de l'original à une séquence de consonnes et de voyelles. Son système comporte donc deux états, consonne ou voyelle, comme les deux faces d'une pièce de monnaie. La question markovienne est alors : la catégorie d'une lettre est-elle indépendante de son contexte, comme un lancer de pièce, ou bien dépend-elle de la catégorie de la lettre qui la précède ?

Parmi les 20 000 premiers caractères de l'œuvre, il y a 7 788 voyelles et 12 212 consonnes. La matrice ci-dessous montre les probabilités de transition entre les deux types de lettres dans le cas où chaque événement (chaque lettre) serait indépendant de celui qui le précède :

	V	C
V	0,389	0,611
C	0,389	0,611

et dans le poème lui-même :

	V	C
V	0,175	0,825
C	0,526	0,474

Sans surprise ces deux matrices diffèrent. L'alternance de C à V et de V à C – nombres en bas à gauche et en haut à droite dans chaque matrice – est plus fréquente dans le poème que par hasard. C'est parce que dans le poème les consonnes et les voyelles alternent de façon marquée. Il y a dans le poème moins d'enchaînements de voyelles (VV) et d'enchaînements de consonnes (CC) que par hasard – comparer les valeurs dans la diagonale des deux matrices. On synthétise ces formulations en modélisant le texte à l'aide d'une chaîne de Markov qui décrit les probabilités de transitions entre états du système, comme dans la figure 18.

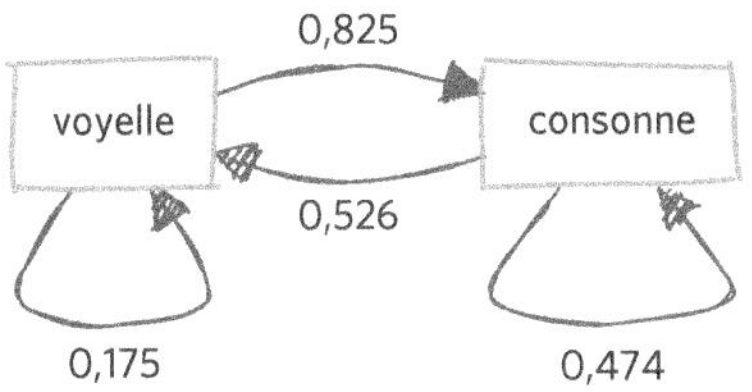

Figure 18. Modèle de Markov original. Les nombres sur les flèches représentent les probabilités de transition d'un état à un autre (voyelle ou consonne) dans le poème *Eugène Onéguine*.

Ce que cette étude princeps met en évidence c'est qu'une certaine connaissance de l'usage – défini ici comme l'ensemble du texte de 20 000 caractères – permet de prédire à partir d'un caractère, et avec un certain niveau de certitude, une propriété du caractère suivant[11]. Bien sûr, il n'est pas possible de réécrire *Eugène Onéguine* tel quel à partir des règles de la figure 18. Mais si on essayait de le faire, le résultat serait plus proche de l'original que si nous avions choisi au hasard les séquences de voyelles et consonnes. La connaissance d'un seul état, le caractère actuel dans la chaîne, fournit des informations utiles pour anticiper la suite ou, dit autrement, il n'est pas nécessaire de connaître toute la série de voyelles et de consonnes qui ont précédé l'état actuel pour que nos paris sur voyelle *vs* consonne suivante soient raisonnables. Cette invitation à ne considérer qu'un état, le dernier connu, rend les calculs beaucoup plus simples.

L'hypothèse que l'état actuel suffit est contre-intuitive d'un point de vue de l'usage. Elle revient à se demander quelle peut être la suite du mot « maison » dans une phrase c'est-à-dire à jouer au jeu du cadavre exquis – et ses variantes – où je ne connais que la dernière partie du texte au moment où je dois écrire la suite de l'histoire : « Le cadavre – exquis – boira – le vin – nouveau. » Si ce principe de la chaîne de Markov peut paraître un non-sens linguistique sur la base de ces exemples c'est que, comme pour l'extraction de sens à partir de contextes d'usage, il manque encore la quantité. On ne peut raisonner sur quelques lettres, quelques mots ou bien une phrase. En revanche, si l'on extrait les régularités de très grandes quantités de matériel textuel, beaucoup plus que ce qu'avait fait Markov, alors un ordinateur qui connaît ces probabilités de transition, ou d'autres comparables, est capable d'anticiper, avec un certain niveau de certitude, la lettre, le mot ou la phrase qui suit un fragment de texte. Une telle connaissance est ce que l'on appelle de nos jours un « modèle de langage » : un machin qui sait associer une probabilité à une séquence linguistique – séquence de caractères, de lettres, de mots, etc.

Dans les faits, ces modèles ne se sont pas limités à l'état actuel (lettre, mot ou phrase) pour prédire l'état suivant. Un « passé » de un, deux, trois mots est mis en œuvre dans les modèles dits à N-grammes, où *N* est la taille du passé. Ajouter du passé améliore les estimations mais deux problèmes surgissent très rapidement : une explosion combinatoire dans les calculs et le risque d'avoir affaire de plus en plus fréquemment à des séquences de lettres ou de mots que le modèle n'a jamais vus. Néanmoins, la recherche en traitement automatique du langage a fait un usage copieux de ces chaînes de Markov, au moins jusque dans les années 2010[12].

Réseaux de neurones artificiels et apprentissage

Les deux ingrédients majeurs du traitement automatique du langage que nous avons décrit sont donc (1) une représentation spatiale du sens des mots dérivée de leurs contextes d'usage et (2) une quantification des probabilités de transition dérivée de leurs ordres d'apparition dans les séquences. Ils ont subi diverses évolutions qui ont amélioré de façon incrémentale les performances des ordinateurs mais, essentiellement, ces deux ingrédients ont été mis en œuvre séparément.

Les mélanger a produit une explosion : l'évolution exponentielle de l'efficacité des programmes de traitement automatique du langage[13].

Cette combinaison de représentations spatiales et de quantification de séquences est possible dans une structure mathématique métaphoriquement appelée réseau de neurones artificiels[14]. Chaque neurone est une fonction mathématique qui réalise une opération simple telle que calculer une probabilité sur un vecteur ou une matrice, et les résultats de chaque fonction sont réemployés comme antécédents des fonctions suivantes, donnant ainsi une organisation dite en réseau. Ces fonctions ont de nombreux paramètres que l'on peut optimiser en les confrontant à du langage réel à l'aide d'une procédure d'apprentissage.

L'idée très générale de l'apprentissage par une machine se base sur trois acteurs : le stimulus fourni au programme, la prédiction qui en résulte et la valeur qu'on souhaite voir prédite pour ce stimulus. Dans l'exemple déjà vu, les stimuli sont les vecteurs phrases, la prédiction le jugement favorable ou défavorable qu'en donne le programme et la valeur souhaitée est la valeur dans la base de données annotée – le jugement de référence fourni par un humain qui a annoté le corpus. Autre exemple : le stimulus est un fragment acoustique, la prédiction le mot que le programme « entend » d'après ses calculs et la valeur souhaitée le mot réellement prononcé reconnu par les humains.

L'objectif de l'apprentissage est de minimiser la différence entre les deux derniers acteurs, entre la prédiction réalisée et la prédiction que l'on souhaite. Cette différence se formule sous la forme de « fonction objectif » ou « fonction de perte » qui est absolument centrale pour tous les apprentissages artificiels. C'est elle qui fixe l'objectif de la procédure d'apprentissage ; c'est donc elle qui guide l'optimisation, c'est-à-dire la minimisation de la distance entre les vecteurs des deux espaces à mettre en correspondance. En somme, la fonction objectif détermine ce que le réseau va apprendre. Elle contient une grande partie de l'« intelligence » de l'enseignement prodigué au modèle qui apprend[15].

Si la base de données est suffisamment fournie (des dizaines de millions de mots) et si le modèle qui apprend est suffisamment grand (plusieurs milliards de paramètres), entre autres conditions, alors l'ajustement des paramètres du modèle sera suffisamment bien informé – aura « suffisamment appris » – pour que ce modèle puisse être appliqué à des mots ou des phrases hors de la base de données. Par exemple, pour des phrases jamais vues jusqu'ici, le modèle pourra calculer si elles ont plutôt un sens favorable ou défavorable avec, observe-t-on, une bonne précision. Cette généralisation (qualifiée parfois d'automatique, voire d'automagique) est possible notamment en raison de la continuité propre aux représentations vectorielles. Une petite (moyenne, grande) différence entre les mots qui constituent la phrase se traduit par une petite (moyenne, grande) différence dans les coordonnées de vecteurs correspondant et, très souvent, dans le sens qu'elle exprime.

L'explosion provoquée par les premiers modèles « neuronaux » du langage n'aurait pas suffi à elle seule à entretenir l'évolution des performances à laquelle nous assistons. Deux combustibles ont continué d'alimenter la réaction en chaîne. Matériellement, il y a les progrès réalisés en parallèle sur les composants et microprocesseurs des ordinateurs, progrès portés en grande partie par le marché des jeux vidéo qui sont très gourmands en calculs matriciels complexes. Conceptuellement, il y a le passage de bases de données annotées ou transcrites manuellement – relativement petites et coûteuses à collecter – vers un apprentissage à partir de bases de données sans annotations.

L'utilisation d'une base de données annotée qui guide la construction du modèle se décrit souvent sous le terme d'apprentissage supervisé. La supervision est assurée, indirectement, par les humains qui ont annoté de façon fiable la base de données : une longue liste de phrases pour lesquelles on sait à l'avance si elles exprimment une valence positive ou négative, l'appariement deux à deux de chaque mot avec un fragment d'un enregistrement, etc. Un changement radical d'approche a consisté à libérer l'apprentissage du besoin d'annotations pour mener des apprentissages non supervisés. L'astuce énorme a été de se rendre compte que tout contenu linguistique est une base de données annotée qui s'ignore.

Prenons un exemple.

L'identification des matrices de ce modèle
ne repose pas sur un…

Pour ce fragment de texte, « comptage » est une suite très probable ; « apprentissage » l'est aussi, mais moins ; « échafaudage » est envisageable mais peu vraisemblable. Pour apprendre ces probabilités à la machine, on lui fait mettre en relation chaque fragment avec sa continuation. En formalisant un peu, on décrit la source de connaissances de cet apprentissage comme une base de données composée de (très nombreuses) paires.

[$contexte_{taille5}$; $motSuivant_{taille1}$] :
[« L'identification des matrices de » ; « ce »]
[« identification des matrices de ce » ; « modèle »]
[« des matrices de ce modèle » ; « ne »]
[« matrices de ce modèle ne » ; « repose »]
etc.

L'hypothèse qui motive cette approche est qu'apprendre à prédire un mot à partir de son contexte devrait permettre d'induire des connaissances implicites guidant l'usage des mots. De très nombreuses règles grammaticales, lexicales, phonologiques, sémantiques contraignent quel mot peut compléter un fragment. Après une exposition « suffisante » d'un modèle à ces transitions, les probabilités qu'il va optimiser reflètent effectivement un grand nombre de règles d'usage qui n'ont pas été apprises explicitement[16]. En outre, maîtriser les processus d'apprentissage à partir de bases de données non annotées ouvre la porte à l'utilisation de corpus de plus en grands – l'ordre de grandeur est par exemple tous les textes de l'Internet francophone – et, partant, à des modèles de langage de plus en plus grands – l'ordre de grandeur du nombre de paramètres est en dizaine ou centaine de milliards.

Passer de compter les mots dans LSA à prédire le ou les mots suivants a été un peu comme passer de la préhistoire à l'histoire du traitement automatique des langues : une invention qui a révolutionné le maniement technologique des contenus linguistiques[17]. La connaissance accumulée par la prise en compte de contextes longs, quelques mots au début et désormais plusieurs centaines, s'avère phénoménale. Un système ayant ainsi appris à prédire peut ensuite être utilisé efficacement pour générer du texte. Le système reçoit un préambule ou amorce de quelques mots, prédit le mot suivant, se décale en intégrant ce nouveau mot, prédit à nouveau le mot suivant et ainsi de suite, échafaudant sur sa propre production la suite mécanique de ses phrases et ses paragraphes.

L'histoire complète est bien sûr plus compliquée que cela[18]. Soulignons quand même que la théorie sous-jacente est relativement rudimentaire du point de vue de la syntaxe, la sémantique, la phonologie, etc. Mais les résultats sont déconcertants. Sorte de pied de nez monumental à des décennies de théories linguistiques, il n'est même pas nécessaire de définir de façon très rigoureuse ce que sont les extraits ou bien les mots. Il n'est pas nécessaire que les mots soient séparés par des espaces ou bien de distinguer les lettres de la ponctuation, ni même de respecter le sens de lecture ! Les modèles sont parfaitement omnivores. En dépit de ce désordre, en pratique, un téléphone de poche sait (presque) avant vous le prochain mot que vous allez taper. Ce résultat ne reflète donc pas un art parfaitement maîtrisé du langage ou du codage informatique. Les performances reflètent les résultats de fonctions aux dimensions astronomiques, plus ou moins bornés par des procédures et méthodes heuristiques.

Inspirations et interprétations cognitives

Les sophistications nécessaires pour arriver aux performances des « grands modèles de langage » actuels sont issues du domaine de l'informatique, quelques-unes du domaine de la psychologie. Les noms qu'elles reçoivent reflètent cet entrelacs asymétrique de disciplines : convolution, récurrence, mémoire à court terme, attention, etc.

En termes de mémoire, nous l'avons dit, un modèle de Markov standard est relativement limité. L'état suivant ne dépend que d'un seul état, l'état actuel. En traitement du langage, on a pu élargir cet horizon en définissant une mémoire récente incluant plus d'états antérieurs, où des contextes plus longs sont pris en compte.

Un autre perfectionnement consiste à donner au modèle, au-delà d'un contexte plus ou moins long, l'opportunité de soupeser l'importance de chaque mot du contexte dans la prédiction ou l'interprétation du mot cible. Côté langage, cela revient à remarquer que « piano » se comprend différemment selon les contextes :

> Le grand déménageur en avait fini avec le piano.
> Le grand compositeur en avait fini avec le piano.

Ici, c'est surtout à cause du premier nom commun, un peu à cause du verbe et pas vraiment à cause de la préposition. Côté calculs, cela revient à concevoir un vecteur de coefficients, un coefficient par mot du contexte, que l'on va multiplier à la représentation vectorielle du mot piano. Le modèle attribuera un plus grand coefficient à « déménageur » ou « compositeur », un coefficient moindre à « fini » et encore plus petit à « avec » ; on dit volontiers que le modèle prête plus ou moins attention aux mots du contexte selon leur importance statistique. Ces vecteurs de coefficients sont différents pour chaque contexte. Ils transforment donc la représentation vectorielle de « piano » qui se retrouvera être différente pour différentes occurrences du mot dans le corpus d'apprentissage. Un mot n'est plus représenté par un vecteur unique, mais par une diversité de vecteurs correspondant à différentes rencontres du mot, un peu comme dans les modèles exemplaristes de la compréhension humaine de la parole[19].

La recette « calcul matriciel » plus « mécanisme d'optimisation/apprentissage » plus « architecture d'intégration de données » ouvre la porte à la représentation et à au maniement d'une très grande variété d'informations[20]. Nombre d'applications sont construites de nos jours de bout en bout. Elles partent de stimuli bruts d'un certain type – images, sons, texte dans une langue, etc. – codés informatiquement et distillent les régularités d'associations avec un autre type de stimulus relié – objet représenté sur l'image, chanson entendue, texte dans une autre langue[21], etc. L'extraction de ces régularités peut suivre des règles génériques, ou bien elle peut être adaptée à la nature du lien entre stimuli. On cherchera des raffinements, des moyens astucieux ou systématiques de transformer les représentations en attirant l'« attention » du modèle sur les régularités pertinentes. Le résultat est un programme capable d'associer (d'autres diraient « décrire ») une image avec une phrase qui la raconte, retrouver le titre d'une chanson enregistrée à la volée, ou bien traduire d'une langue à une autre de longs passages ou même des livres entiers. Fournir une question à un modèle de langage permet d'obtenir une réponse par un processus génératif. Les modèles actuels sont proches de produire des contenus sensés, souvent utiles, considérés parfois comme des œuvres d'art, sinon des chefs-d'œuvre ; de cette manière ils peuvent assister les humains dans différents types de tâches, qu'elles soient systématiques et répétitives ou même créatives. N'oublions pas toutefois que ces productions ne sont que des ânonnements sophistiqués que les programmes récitent comme des perroquets. Et qu'un animal qui vocalise pourrait mettre plus de soi dans son expression que le modèle le plus sophistiqué.

CHAPITRE 10

Des animots ?

De nombreux animaux produisent des vocalisations ou des gestes. La richesse de certains de ces répertoires suggère une communication sophistiquée. Pour juger de sa profondeur, il faut décortiquer minutieusement les contenus, motivations et structures présumées, en se détachant des intuitions liées à notre propre usage de la langue.

Cris d'alarme

Les vervets sont une espèce de singe au pelage gris-brun et au visage sombre, mesurant une cinquantaine de centimètres. Ils occupent une vaste aire de répartition dans le sud et l'est de l'Afrique, vivent en groupes de plusieurs dizaines d'individus et partagent leur temps entre le sol et les branches des arbres, où ils se réfugient la nuit pour dormir. Les groupes sont organisés selon des règles hiérarchiques assez précises. Comme nombre d'animaux sociaux, les vervets semblent communiquer entre eux lors de leurs activités quotidiennes. En particulier, les vervets réagissent vivement à la présence d'un prédateur menaçant le groupe ou l'un de ses membres. L'individu qui aperçoit le prédateur émet des cris d'alarme et ses congénères réagissent rapidement.

Rien de surprenant là-dedans. Pourtant, des observations de ces cris faites dans la savane kényane ont défrayé la chronique au début des années 1980. En effet, les cris d'alarme s'avèrent différents selon la nature du prédateur : aigle, serpent ou léopard. Les réactions des congénères sont elles aussi différentes selon le cri. Le cri émis pour les aigles (pas « par » les aigles) déclenche chez les vervets des regards en l'air ou une fuite dans des buissons ; le cri émis pour les serpents les fait regarder le sol ; le cri émis pour les léopards les fait courir se réfugier dans les arbres. De plus, les cris de chaque sorte sont acoustiquement similaires d'un vervet à un autre[1].

Une telle description appelle avec insistance une interprétation forte sur la capacité de communication dans cette espèce. On pourrait en inférer que le vervet détectant le prédateur prévient volontairement ses congénères à l'aide d'un code qu'ils partagent : chaque signal différent a un sens différent, compréhensible et compris par les congénères.

Ce comportement des vervets n'est pas une curiosité isolée ni une anecdote éthologique sans conséquence. D'autres singes vivant sous la menace de prédateurs montrent des comportements similaires. Nombre d'animaux (des chiens de prairie, des oiseaux, etc.) modulent leurs vocalises en fonction de contextes sociaux tels que la menace ou la détection d'une source de nourriture[2].

Les humains aussi vocalisent, bien sûr… L'interprétation schématique proposée ci-dessus pour le comportement des vervets correspond assez bien à ce que l'on appelle « communication référentielle » chez l'humain, une façon savante de dire que nous sommes capables d'utiliser volontairement des signes pour échanger explicitement des idées à propos d'objets, d'actions, de pensées, etc. Les principaux signes utilisés dans la communication référentielle humaine sont les mots – parlés, écrits ou signés. Dans ces conditions, doit-on considérer que les cris d'alarme des vervets sont des mots et, plus généralement, se pourrait-il qu'il y ait des animots[3] ?

On commencera par remarquer qu'aucun humain ne s'est mêlé d'apprendre à ces vervets vivant en liberté les comportements rapportés. Ces comportements sont donc très différents de ceux résultant d'apprentissages incidents observés chez de nombreux animaux vivant dans des environnements fourmillant d'humains qui font des gestes, vocalisent et communiquent – dans les zoos par exemple[4].

Les comportements naturels doivent aussi être distingués des observations faites à peu près à la même époque dans les travaux expérimentaux visant à apprendre explicitement le langage à des chimpanzés, à des gorilles ou à des bonobos vivant en captivité. Nombre de ces travaux sont connus par le nom des animaux qui y participaient : Washoe, Sarah, Nim Chimpsky, Kanzi, etc. Dans ces expériences, un environnement de communication très riche et structuré était proposé aux animaux. On escomptait que leur bagage cognitif naturel leur permettrait de profiter de cet environnement inhabituel pour apprendre du langage sous la forme de vocalisations, de gestes ou de pictogrammes. Sauf rares exceptions, de tels apprentissages se sont avérés longs et peu efficaces. Certaines observations ont pu faire dire que certains apprentissages avaient eu lieu, mais les résultats étaient très loin des attentes. Plutôt, ces travaux ont révélé la flexibilité cognitive des animaux et leur potentiel à s'adapter à un contexte somme toute artificiel[5]. En faisant un parallèle osé, on peut d'un côté rapprocher l'apprentissage des cris d'alarme des vervets à notre apprentissage du langage, d'ordre instinctif[6] ; on peut d'un autre côté rapprocher l'apprentissage de symboles artificiels par les grands singes de notre apprentissage du langage écrit, une habileté cognitive dans le maniement d'un outil, d'une technologie. (On peut effectivement apprendre à des babouins à lire des mots, en tous les cas à en reconnaître la forme[7].)

Supposer une richesse cognitive potentielle chez les singes était l'implicite qui sous-tendait nombre de ces expériences d'apprentissage. Une approche plus fréquente de nos jours est à l'opposée, souvent formulée comme le canon de Morgan – du nom de Conwy

Lloyd Morgan, psychologue et éthologue de la fin du XIXe siècle. Ne pas favoriser les interprétations anthropomorphiques des comportements non humains, par exemple leur prêter une rationalité comparable à celle des humains, si des explications plus simples sont disponibles. Dit autrement : les explications du comportement animal doivent être les plus basiques possible, jusqu'à preuve du contraire.

Émissions par réflexe

Dans cet esprit, examinons sobrement ce qui se passe du côté d'un émetteur. Quelles sont les raisons – ou mécanismes cognitifs – permettant d'expliquer qu'un vervet ou tout autre animal produise des cris d'alarme ? Les cris peuvent être la conséquence d'un état émotionnel particulier. On imagine aisément qu'un animal se trouvant face à un prédateur soit effrayé au point de se mettre à vocaliser ; de même, la perception d'une source de nourriture peut engendrer une excitation qui déclenche des cris. Les réactions ainsi conçues sont complètement réflexes : aucune intention de communication ou acte symbolique n'est à présumer de la part de l'émetteur. Autrement dit, « quand vervet effrayé, lui toujours faire ainsi ».

Dans certaines théories, les vocalisations ainsi interprétées sont dites indexicales. La cooccurrence systématique entre un élément extérieur – nourriture, prédateur, etc. – et un certain type de cri fait que le cri indexe la présence de l'élément extérieur, comme la fumée indexe (ou informe de) la présence du feu. À elle seule cette régularité peut suffire aux congénères présents dans les parages à associer le cri entendu avec l'élément qui l'a déclenché, sans qu'il n'y ait besoin de présumer, chez eux non plus, d'activité de communication. C'est le cri – pas l'animal – qui « signale » la trouvaille, le danger, etc. aux membres du groupe qui réagissent en conséquence.

Cette explication basée sur des instincts issus d'un processus de sélection naturelle est compatible avec l'apparente sophistication des cris distincts pour des prédateurs différents suscitant des réactions différentes. La simple existence de cris d'alerte est adaptative chez les animaux sociaux dont la survie dépend en partie de l'appartenance au groupe. Ces cris sont des comportements qui améliorent sur le moment les chances de survie et la destinée du groupe (en particulier les descendants) et qui améliorent donc aussi, indirectement, la destinée de l'individu ; ils peuvent plausiblement émerger par sélection naturelle. Que les cris soient différents selon la nature du prédateur a aussi pu être sélectionné au cours des âges. Puisque différents types de prédateurs appellent des réactions de fuite complètement différentes, des différences entre cris initialement insignifiantes ou non systématiques ont pu favoriser certaines fuites et être consolidées par l'avantage adaptatif qu'elles conféraient[8].

Dans les faits, nous avons de bonnes raisons de penser que les cris d'alarme des vervets ne sont pas simplement réflexes puisque, par exemple, un individu isolé auquel se présente un prédateur ne produit pas d'alerte. (Même si d'autres comportements vocaux de cette espèce ou d'autres espèces peuvent très bien être de purs produits de l'état émotionnel.)

Apprentissage vocal et flexibilité

La plausibilité d'une sélection naturelle de comportements réflexes n'exclut pas que d'autres mécanismes plus complexes soient, peut-être, mis en jeu. Dire que les cris sont des réflexes, c'est dire qu'ils sont hors du contrôle volontaire de l'individu, probablement issus de façon déterministe de son bagage génétique et, partant, de son câblage neural. Cette interprétation prédit des vocalisations très stéréotypées à travers les individus de l'espèce avec peu de place pour la flexibilité. Il est donc apparu crucial de déterminer, chez différents animaux vocalisant, les éventuelles capacités d'apprentissage vocal et le degré de flexibilité de ces vocalisations, des thèmes de recherche qui génèrent encore des débats très actifs.

Les champions de l'apprentissage de productions vocales ne sont assurément pas les singes ! Tout le monde sait que les animaux les plus habiles dans ce domaine se trouvent parmi les oiseaux – et les cétacés. Si leur environnement acoustique est manipulé, certains oiseaux peuvent apprendre à produire les chants d'autres espèces, à s'y méprendre, ou à imiter des sons plus exotiques, par exemple la voix humaine ou des engins bruyants. Plus simplement, on observe de façon naturelle que les oiseaux d'une même espèce peuvent avoir des chants très variés. De grandes capacités d'apprentissage vocal sont aussi observées chez certaines chauves-souris. Parmi les mammifères, les créatures marines telles que les baleines ou les phoques sont particulièrement douées pour l'apprentissage des productions vocales[9]. Chez les vervets, une telle flexibilité et variété ne sont pas observées, même lorsque l'on compare les cris produits par des individus de colonies très distantes les unes des autres qui, en toute vraisemblance, ne se sont jamais rencontrées.

Cette liste d'animaux habiles à l'apprentissage vocal, liste où figurent aussi les humains, présente une telle diversité que l'absence de singes en devient étonnante. Les observations qui */ne/* démontraient */pas/* de flexibilité vocale chez les singes (et les primates non humains) ont été rapidement interprétées en termes anatomofonctionnels. L'analyse du cerveau de quelques individus a suggéré que les circuits neuronaux et neuromusculaires permettant le contrôle volontaire des vocalises chez l'humain seraient absents dans les espèces étudiées. Il manquerait aux singes une boucle neuronale pour le contrôle vocal. Cette convergence entre comportement et cerveau a eu un fort pouvoir de conviction, associée peut-être à quelques *a priori* préférant garder les distances vis-à-vis de nos proches cousins. Longtemps on a considéré les cris d'alarme des singes et primates comme un réflexe. Pourtant, les travaux anatomiques étaient fragmentaires et l'absence d'évidence comportementale ne démontre pas que le comportement n'existe pas.

Sur ce sujet, les travaux de terrain les plus récents rapportent des observations qui sont plus convaincantes concernant l'existence d'apprentissage et de flexibilité vocale. En complément, les travaux de laboratoire cherchent à comprendre la continuité entre espèces qui apprennent et espèces qui n'apprennent pas, en tâchant de dépasser la dichotomie de la présence/absence d'une boucle de contrôle vocal. Ces recherches sont en cours, et la conclusion actuelle est que certains apprentissages vocaux, possiblement limités, pourraient fort bien être à la portée des singes et des primates[10].

Admettons donc une certaine flexibilité sensori-motrice chez les singes et les primates. Prendre cette direction libère un peu d'espace cognitif au sein duquel l'animal pourrait faire plus que réagir, en exerçant un contrôle sur le contenu et les motivations de ses vocalisations. Dans cette hypothèse, la vocalisation n'est plus (seulement) un acte réflexe déclenché par un état émotionnel interne. La vocalisation pourrait faire référence à un état externe à l'animal. Elle pourrait exprimer la compréhension que l'animal a d'un aspect de son environnement actuel : « Je vois un léopard. » Elle pourrait aussi exprimer un changement que l'animal souhaite voir se produire dans son environnement futur – en d'autres termes, un but à atteindre : « Fuyez dans les arbres ! » (Nous reviendrons sur ces nuances ; dans les deux cas la vocalisation fait référence à l'environnement de l'animal.)

Motivations des vocalisations

À défaut de pouvoir demander à l'individu à propos de quoi il vocalise, l'analyse éthologique se fonde sur un examen détaillé des circonstances et contextes qui déclenchent les vocalisations. En effet, au-delà de la description générique – en réaction à différents types de prédateurs, les vervets émettent trois cris d'alarme différents –, les différents cris observés dans la nature s'avèrent plus ou moins spécifiques et plus ou moins variables.

Si le vervet émet un cri particulier et seulement celui-là, lorsqu'un aigle surgit et seulement dans ce cas, alors nous avons un indice assez clair du contenu possible que le cri représente pour l'émetteur. Atteindre cette conclusion requiert que l'on enregistre sur le terrain de nombreux événements lors desquels divers cris sont produits – en présence ou en l'absence d'aigle – et que l'on mène sur ordinateur une analyse fine permettant d'établir l'identité acoustique des vocalisations lors de ces différents épisodes.

L'interprétation devient plus forte si on peut la corroborer du côté des récepteurs : le stimulus auditif seul déclenche les réactions attendues en l'absence du référent (l'aigle) et en l'absence d'autres indices non vocaux de l'émetteur (la fuite visible du criard). Cette deuxième conclusion demande que l'on réalise des expériences de play-back où l'on joue à des moments soigneusement choisis certaines vocalisations grâce à des haut-parleurs cachés stratégiquement dans l'habitat naturel des animaux.

Si les deux conditions – du côté du producteur et du récepteur – sont remplies à un niveau statistiquement convaincant, on conclura que la vocalisation se réfère à l'aigle. Si l'on veut être pointilleux, on prendra soin de préciser que cette référence n'est que fonctionnelle et pas nécessairement linguistique.

Dire référence « fonctionnelle », c'est souligner que l'on ne se prononce pas trop sur le détail des processus cognitifs qui animent les animaux au moment où les vocalisations et la référence ont lieu. En effet, il reste possible d'attribuer tous ces comportements « référentiels » à des apprentissages automatisés associant – très spécifiquement – stimuli et réponses. Distinguer expérimentalement les interprétations avec ou sans représentation mentale dans l'esprit des animaux n'est pas trivial du tout. Chaque argument expérimental de plus en plus sophistiqué rencontre son contre-argument interprétatif de plus en plus raffiné. Le sceptique n'est pas obligé de concéder formellement que les individus se représentent d'une façon cognitivement élaborée une réalité extérieure à laquelle ils feraient référence[11].

Citons pour illustrer toute cette démarche des expériences un peu complexes mais surtout très astucieuses visant à déchiffrer l'usage que font les singes des vocalisations.

Pour tester la compréhension de vocalisations, on présente à des singes dans leur habitat naturel, grâce à des haut-parleurs cachés, des stimuli auditifs. Dans une étude particulière, ces sons arrivaient par paires : un premier stimulus suivi d'un deuxième quelques minutes après. Les stimuli sont des enregistrements de cris du prédateur lui-même ou bien de cris d'alarme de congénères habituellement émis pour ce prédateur. Dans une première condition, on présente de façon successive deux cris du prédateur ; la réponse des singes est très vive au premier cri, puis atténuée au deuxième. Cette atténuation est interprétée comme de l'indifférence (relative) à l'absence de nouveauté, soit par ce que le deuxième stimulus est acoustiquement identique au premier, soit parce qu'il « signifie » la même chose. Dans une autre condition, on présente d'abord le cri d'alarme et ensuite le cri du prédateur. Ici aussi les réponses au deuxième stimulus – cri du prédateur – sont atténuées, comme dans la première condition de pure répétition, cela alors même que les stimuli sont très différents acoustiquement. L'interprétation en est que l'atténuation des réponses n'est pas guidée simplement par la répétition acoustique. Ces observations et des mesures complémentaires suggèrent que les singes perçoivent quelque chose de commun aux cris d'alarme et aux cris du prédateur, vraisemblablement – mais pas certainement – une représentation mentale du prédateur[12].

Pour tester la production, l'expérience peut consister à présenter aux sujets des stimuli contrôlés visant à les faire réagir vocalement : une maquette de serpent qui se déplace comme un vrai, un drone qui vient voler à proximité du groupe, etc. Testons un chimpanzé qui momentanément se retrouve seul. On en profite pour lui présenter auditivement à l'aide d'un haut-parleur le cri d'un congénère de son groupe : soit un cri typiquement produit dans des moments calmes, soit un cri typiquement produit dans des moments d'alerte. Ce contexte étant posé, on s'arrange peu après pour que le chimpanzé voie un serpent (une maquette) dans son environnement immédiat. Le chimpanzé ainsi effrayé artificiellement poussera plus de cris d'alarme si le cri (enregistré) qu'il avait entendu peu avant était un cri de calme que si c'était un cri d'alerte. Ces observations, et des mesures complémentaires, suggèrent que le chimpanzé adapte ses vocalisations à un auditoire potentiel – auditoire réputé plus ou moins sur ses gardes d'après la vocalisation entendue. Cela est possible, vraisemblablement – mais pas certainement – grâce à une représentation mentale de l'état de vigilance du congénère[13].

Une autre difficulté pour notre compréhension d'une éventuelle communication référentielle est celui du découpage fait par les animaux des signaux et du monde. Nous avons discuté de situations où les cris d'alarme sont relativement isolés, où un certain niveau de similarité est observé d'un cri à un autre, et où le référent potentiel (le prédateur) a un rôle écologique saillant pour l'animal et une présence/absence facile à déterminer pour les humains. Cela suggère que ce cri et ce référent ont le statut d'unités fonctionnelles dans la communication du singe. Mais nombre d'autres cris ne remplissent pas ces conditions et leurs formes ou références sont loin d'être aussi claires. Dans certains cas, les cris d'alarme se produisent en présence d'un prédateur terrestre mais aussi en l'absence de prédateur lors de certaines interactions entre congénères. Certains animaux comme des chiens de prairie produisent les mêmes vocalisations pour différents types de prédateurs. Ce qui semble motiver les différences de cris, le référent visé, c'est le niveau de proximité spatiale du prédateur, quel qu'il soit, et donc le niveau d'urgence requis pour la réaction. Le référent ne serait donc pas tant le prédateur que le terrier où il faut courir.

Déterminer ce qui est commun à chaque situation où le cri est produit (ou absent) de façon à discerner comment les animaux découpent leur monde demande souvent une bonne dose d'interprétation. Pour compliquer le tout, nous ne savons pas le niveau de polysémie ou d'ambiguïtés possiblement présentes dans le code et acceptables par les animaux. Après tout, nous humains acceptons aisément que les formes /vədɛt/ ou /vɛʁ/ aient divers référents. Du côté des cris, on a cherché et trouvé des régularités dans certaines séquences, ou bien dans certaines formes placées systématiquement en fin ou début de séquence, en pensant aux séquences syntaxiques de mots ou bien aux préfixes et suffixes du langage humain[14]. Mais, comme pour le découpage du monde, nous ne pouvons classifier et catégoriser les vocalisations animales sans des hypothèses interprétatives qui courent le risque d'être humaines, voire trop humaines. Comment être certain sans être une baleine des aspects acoustiques de leur chant et des aspects écologiques de leur environnement susceptibles de retenir leur attention[15] ?

L'attention partagée

Jusqu'ici la communication animale a été discutée en prenant soin de séparer ce qui se passe chez l'émetteur de ce qui se passe chez le récepteur. Cette approche peut paraître paradoxale pour un thème dont la principale fonction est d'établir des relations entre individus. Notre intuition d'humains est que la plupart des actes communicatifs impliquent la volonté d'un lien mental entre interlocuteurs et interlocutrices – que le lien soit souhaité ou obtenu. La construction de représentations partagées constitue bien une part importante des objectifs et des conséquences d'une conversation[16]. Mais cette évidence d'usagers ne doit pas nous faire sous-estimer la complexité cognitive du maniement de représentations partagées. Avoir admis ou démontré l'existence de communication référentielle chez un animal ou un humain, comme discuté ci-dessus, ne garantit pas l'existence d'un lien entre individus communicant.

Les actes de langage sont en effet très divers. Analysons une vocalisation humaine d'apparence simple : « Non ! »

La production de ce mot peut être un acte réflexe qui n'est dirigé à personne en particulier. « Non ! » peut-être énoncé, même par une personne seule, face à un danger imminent ou à l'annonce radiophonique d'une mauvaise nouvelle, comme pour conjurer la situation.

Alternativement, « Non ! » peut-être utilisé de façon impérative, pour exprimer un ordre tel que « Ne fais pas ça. », « Arrête tout de suite », etc. Ainsi conçue, la vocalisation vise en premier lieu à atteindre un but dans le monde : que la personne adressée arrête son comportement. La vocalisation ne vise pas directement à modifier les états mentaux de l'interlocuteur, même si ce changement peut être nécessaire pour qu'elle arrête.

Finalement, ce « Non ! » peut être une forme résumée des déclarations plus explicites telles que : « Je ne suis pas d'accord. », « Je pense autrement. », « Je ne veux pas plus de café. », etc. Cette formule constitue alors un acte déclaratif dont le sens et la compréhension dépendent de l'attention partagée entre interlocuteurs sur la situation d'intérêt. Ce « Non ! » là vise les états mentaux, pas les actes.

La distinction de trois variantes ainsi soulignée n'est pas aussi nette à chaque énoncé. Les différentes valeurs peuvent se retrouver mêlées dans les conversations. Dans le film *Jo* de Jean Girault (1971), Bernard Blier joue un inspecteur et Louis de Funès un suspect qui a quelque chose à cacher (un cadavre). Au cours d'une sorte d'interrogatoire improvisé, de Funès professe des « Non ! » et des « Ohhh ! » à répétition.

BLIER. – Figurez-vous que Monsieur Jo était un maître chanteur.
DE FUNÈS. – Non !
BLIER. – Si.
DE FUNÈS. – Ohhh !
BLIER. – Et nous avons retrouvé chez lui une liste des gens qu'il faisait chanter.
DE FUNÈS. – Non !
BLIER. – Si.
DE FUNÈS. – Ohhh !
BLIER. – Et si je suis là, c'est par ce que vous êtes sur cette liste.
DE FUNÈS. – Moi ?
BLIER. – Vous.
DE FUNÈS. – Non !
BLIER. – Si.
DE FUNÈS. – Ohhh !
etc.

Tous ces « Non ! » et ces « Ohhh ! » pourraient bien avoir des fonctions communicatives complexes et diverses : avoir l'air surpris, s'assurer que l'inspecteur croit que je suis surpris, détourner son attention, etc. Les interprétations d'une vocalisation peuvent varier selon au moins deux dimensions cognitives : d'une part l'intention qui motive la production de la parole et d'autre part la représentation que j'ai de la pensée de l'autre. Bien que liées, ces deux dimensions peuvent être abordées séparément.

Les intentions et motivations pour produire une vocalisation sont diverses : réagir de façon réflexe à une émotion, partager une information, communiquer que l'on veut communiquer, obtenir la confirmation que l'autre a compris, obtenir des changements dans les actions ou les états mentaux de l'autre, etc. Ces différentes intentions forgeront des actes communicatifs différents. La deuxième dimension concerne la capacité à se représenter les pensées des autres, capacité appelée couramment la « théorie de l'esprit » – les hypothèses, raisonnements, conclusions que je fais plus ou moins implicitement à propos de mon interlocuteur ou interlocutrice. Pour que les paroles réalisent l'acte que je souhaite – informer, convaincre, ordonner, demander, etc. –, je dois me représenter l'esprit qui les écoute. De façon plus sophistiquée, je peux me représenter la représentation que mon interlocuteur a de moi, etc.[17].

Revenons aux vocalisations animales : nous pouvons nous interroger sur la profondeur cognitive qui accompagne les répertoires vocaux si diversifiés de certaines espèces. À quel point l'animal à l'intention de communiquer quelque chose à quelqu'un, et à quel point il se représente ses propres états mentaux et les états mentaux de son « auditoire » ? Un acte réflexe ne serait pas proprement intentionnel ; un ordre, une vocalisation impérative, n'a pas besoin d'une représentation très complexe de l'autre ; une volonté de partager de l'information – un acte déclaratif – sous-entend une représentation mentale plus élaborée.

Dans un environnement domestique, une chatte miaule devant la porte. Manifestement elle veut sortir : nous le savons car nous observons que lorsqu'elle miaule devant la porte, elle sort dès qu'on ouvre. Elle semble donc espérer ou attendre qu'on ouvre. Pour autant, cela n'établit pas que cette chatte communique une demande de façon déclarative, qu'elle cherche à partager l'intérêt qu'elle a de sortir, de sorte que son humain le sache et agisse en conséquence. Elle peut simplement avoir appris que lorsqu'elle miaule suffisamment longtemps devant la porte, cette dernière finit par s'ouvrir. Interprété en ces termes, ce miaulement-là est bien intentionnel, mais impératif plutôt que déclaratif.

Comme dans les débats sur la dimension référentielle des vocalisations, nous ne pouvons pas demander directement à l'animal ses intentions et sa représentation mentale. Pour distinguer les différentes situations, nous pouvons formuler *a priori* des critères visant à distinguer des miaulements qui seraient impératifs de miaulements qui seraient déclaratifs, ou plus généralement entre comportements impératifs et déclaratifs. Pour être utiles, ces critères doivent être observables et objectivables dans le comportement de l'animal[18]. Selon certaines propositions, pour qu'un comportement soit interprété comme intentionnel ou même déclaratif l'émetteur doit :

- ajuster le signal émis – ses répétitions, son intensité – à l'attention apparente du récepteur : son regard, son écoute, etc. ;
- orienter sa propre attention vers les marques de l'attention du récepteur, par exemple chercher à croiser son regard pour faire valoir l'échange ;
- alterner le regard entre le récepteur et l'objet cible ;
- attendre un certain temps après chaque signal si une réponse appropriée est produite par le récepteur ;
- persister en l'absence de réponse ;
- élaborer et modifier le signal s'il reste sans effet ;
- etc.

Bien sûr, aucun de ces critères ne peut à lui seul établir la distinction entre comportements déclaratifs et impératifs. L'argument est que l'observation de suffisamment d'indices parmi ceux-là, dans des conditions écologiquement valables et statistiquement avérées, conduit à interpréter un comportement comme étant déclaratif.

Ces critères proposés pour interpréter le comportement animal ont leur origine dans des critères similaires utilisés pour certains humains qui ne peuvent pas nous clarifier directement leurs intentions, pensées ou théorie de l'esprit[19]. Les bébés commencent à communiquer avant même de prononcer des mots en pointant, en agitant ostensiblement des objets, etc. Les grands singes (par exemple, les chimpanzés) montrent eux aussi des capacités de pointage considérablement élaborées.

D'après de nombreuses observations, vers 10 mois, les pointages des bébés sont simplement impératifs, un moyen pour bébé d'obtenir un objet d'intérêt qui est hors de portée. Plus tard les bébés développent puis consolident un usage référentiel du pointage. Ces nouveaux gestes leur permettent de communiquer l'intérêt qu'ils portent à un objet, d'attirer l'attention d'autrui sur les objets (tiers) qui les intéressent. Il n'est pas évident que le pointage déclaratif soit une sophistication directe du pointage impératif. Ils pourraient plausiblement se développer selon des voies parallèles, indépendantes.

Les chimpanzés produisent habilement des pointages divers, mais ont de la peine à comprendre les pointages produits par des humains dans des circonstances naturelles ou bien contrôlées expérimentalement pour faciliter l'interprétation. Pour diverses raisons, il est difficile de conclure que les chimpanzés utilisent un pointage référentiel. C'est, d'après une hypothèse influente, parce que la représentation motivant le pointage par les chimpanzés n'inclurait pas suffisamment la prise en compte de l'état mental ou attentionnel du récepteur. Une telle interprétation demanderait à être réconciliée avec l'observation vue plus haut que les chimpanzés adaptent leurs cris d'alerte à l'état de vigilance du congénère. Les débats sont loin d'être clos[20].

L'approche scientifique de ces comportements gestuels pose les mêmes défis que les comportements vocaux – déterminer la flexibilité, la nature de l'apprentissage, le niveau de partage attentionnel, etc. – et l'interprétation des données s'accompagne de débats similaires. « Similaires » ou mêmes proprement identiques. La différence entre vocalisation et pointage peut être ramenée à une simple différence dans les muscles qui sont mis en œuvre pour (peut-être) communiquer. Les contraintes anatomiques (par exemple les réseaux neuraux nécessaires au contrôle des mouvements) ou les contraintes écologiques (besoin d'être discret ou de s'adresser à un seul individu plutôt qu'à tout son entourage) peuvent favoriser chez certaines espèces la communication manuelle au détriment partiel ou complet de la communication vocale. L'origine évolutive de notre langage vocal – et manuel dans la langue des signes – est peut-être plus à chercher du côté des gestes communicatifs que des vocalisations des espèces phylogénétiquement proches de la nôtre[21].

*

Il n'y a aucun doute que les animaux communiquent. Cela ne veut pas dire que les animaux utilisent le langage – ou même leur langage – ou bien qu'ils utilisent des mots – ou même leurs mots. Ces formulations sont trop imprécises pour être véritablement utiles. Nous pouvons en revanche avancer en essayant de mettre au jour les structures qui sous-tendent les actes de communication. Il peut s'agir de structures mentales ayant trait à la motivation, l'intention ou l'attention de l'individu qui s'exprime ou qui décode un signal. Il peut s'agir de structures combinatoires ayant trait aux signaux codant les messages. Dans cette vision, la question de la communication et du langage ne repose pas seulement sur une dimension psychologique – les intentions ou une représentation de la pensée de l'autre – ou seulement sur une dimension linguistique – l'organisation structurelle des signaux – mais bel et bien sur le croisement de ces deux dimensions.

Décrypter cet enchevêtrement théorique ne peut se faire qu'à l'aide d'observations et d'expériences. Pour cela on essaye de déterminer des critères qui donneraient accès aux processus cognitifs, en s'aidant occasionnellement de mesures d'activité cérébrale, et des critères portant sur la complexité présumée des signaux. Une difficulté majeure est d'éviter la circularité des arguments et la trop grande influence du langage proprement humain dans les réflexions. Chaque espèce vit dans un environnement qui lui est propre, en partie structuré par ses organes moteurs et sensoriels, par ses besoins écologiques, etc.

Les critères éthologiques sont souvent imparfaits, laissant aux interprétations une part notable d'incertitude ; on peut le regretter, mais surtout on doit l'incorporer dans les arguments. Par chance, la variété du monde animal nous donne accès à un très grand nombre de systèmes de communication. Cela devrait nous aider à prendre du recul, en situant le langage humain comme un cas parmi tant d'autres exemples de communication[22]. De telles confrontations donnent une perspective saisissante, permettant de mieux comprendre, à la fois, la communication animale et l'usage que nous faisons de nos propres mots.

Parler comme on l'entend

Les mots s'installent dans notre cerveau lorsqu'ils s'y plaisent, sortent se promener quand nous les employons, dépérissent enfermés si nous ne nous en servons pas. La plupart de ces mots locataires sont partagés avec notre communauté linguistique : il faut bien appeler un chat « un chat » pour espérer dialoguer les uns avec les autres. Cela n'empêche pas des discussions vivaces et contradictoires sur les usages, sur l'écriture simplifiée ou inclusive, sur le dépérissement du subjonctif, sur la prolifération des acronymes ou les emprunts aux autres langues. Avoir un avis sur l'usage des mots est formidable… l'étayer par des observations systématiques ou une investigation expérimentale n'est pas si fréquent.

Les institutions ont de bonnes raisons pour prescrire *le bon usage*. Les personnes, elles, ont plus de marge puisque les mots que nous choisissons disent un peu qui nous sommes. Finissez vos phrases par « voilà, quoi ! » ou bien par « n'est-ce pas ? » et vous changerez instantanément de génération – j'ai essayé, moi qui balance entre deux âges… Pour ces raisons, mon conseil est de parler comme on l'entend. Comme on entend parler autour de soi, avant tout, afin de se faire comprendre, mais aussi, un peu, comme on l'entend, afin de s'exprimer de sa propre voix.

Cette voix, le jeune cerveau des bébés l'enrichit de plusieurs mots nouveaux par jour alors que, presque au même rythme, le cerveau malade d'un patient souffrant d'aphasie progressive oublie plusieurs mots par jour, ou même plusieurs centaines d'un coup à la suite d'un accident vasculaire cérébral. Les mots sont fragilement inscrits dans notre tissu neuronal. Ils deviennent accessibles grâce à une intrication de processus cognitifs. Leur existence ne tient qu'à ça.

Nous commençons à bien comprendre le codage neuronal des mots, que ce soit pour leur forme, leur sens ou leur usage dans des phrases. L'avènement des grands modèles de langage a quelque peu chamboulé le cours de ces recherches. Des performances verbales épatantes ont pu suggérer un traitement de l'information linguistique proche de celui des humains… mais la question n'est pas simple.

D'un côté, ces programmes informatiques ne constituent pas une explication et encore moins une théorie. Le fonctionnement des plus puissants d'entre eux reste très opaque. De plus, les programmes informatiques ne comprennent ni les mots ni les phrases qu'ils manipulent. Ils ne sont pas construits pour comprendre, mais pour réaliser des tâches précises, généralement des tâches d'association (« qui va avec quoi ? »), après avoir englouti des tombereaux de mots. Cette méthode n'est pas une panacée. Don Quichotte aussi avait lu tous les livres. Il en avait perdu la raison et hallucinait une rustre paysanne en princesse ou de banals moulins en géants menaçants.

D'un autre côté, même sans explication ni compréhension, les modèles informatiques jouent désormais un rôle central pour comprendre le langage. Avant tout, ces modèles sont des outils statistiques puissants pour appréhender les multiples dimensions du langage. En outre, ils implémentent pour partie des opérations inspirées par la cognition humaine. De plus, et ce n'est pas trivial, les représentations qu'ils apprennent corrèlent avec les activités cérébrales fonctionnelles mesurées lors du traitement de mots ou de phrases. Certains modèles corrèlent mieux que d'autres : est-ce par ce qu'ils sont plus réalistes ?

À l'heure actuelle, les ressemblances mesurées sont encore subtiles et très techniques. Dire que nos neurones et ceux des réseaux artificiels font la même chose serait le grossissement d'une exagération, mais la ressemblance est tout de même là, devant nous, et mérite fort d'être clarifiée. Le sens dans lequel on conçoit cette ressemblance n'est d'ailleurs pas neutre. On peut envisager des modèles plus sophistiqués qui arriveraient à simuler les rouages du comportement humain. Alternativement, on peut questionner notre impression de solides usagers du langage en proposant que nous sommes, nous aussi, des machines purement associatives qui s'ignorent. Un système dynamique issu de la mémorisation méthodique d'une myriade d'associations et… moi : cette identification me procure le plaisant vertige de renoncer à mon *ego* verbal.

Dans ces débats, les efforts déployés pour analyser la communication chez les animaux non humains nous ramènent un peu sur Terre. L'interprétation des comportements de communication animale nécessite d'envisager des processus divers qui font (encore ?) défaut aux machines : une capacité à se représenter ses propres états mentaux et ceux des autres, à avoir des objectifs et des motivations diverses, à disposer d'une mémoire très subtilement sélective et accessible, à mélanger le langage avec une connaissance physique, expérientielle et culturelle de l'environnement, etc. Pour certains animaux, une partie ou même l'ensemble de ces capacités pourrait être établie. Ici encore, démêler le nôtre du leur nous renseigne sur notre condition verbale. Les scribes de l'ancienne Égypte ne s'y trompaient pas, eux qui attribuaient à un primate non humain, leur dieu Thot sous forme de babouin, l'origine des hiéroglyphes.

La formulation de cette origine divine peut nous paraître farfelue de nos jours. De tout temps, il y a eu des approximations, des contre-vérités ou même des mensonges. Toutefois, même en contradiction avec la réalité, de telles affirmations étaient nécessairement produites par quelqu'un qui, de ce fait, en était une sorte de garant. Avec les modèles de langage, les paroles peuvent être émises sans être garanties par aucune « autorité naturelle », par aucune personne les ayant exprimées. Abandonnant l'étalon humain, comme les banques centrales ont abandonné en son heure l'étalon-or, les grands modèles de langage nous exposent à une nouvelle forme d'inflation fiduciaire du langage.

Que penser de ce détachement de la valeur ? Erri De Luca a pris parti : « La langue est un système d'échange comme la monnaie. La loi punit ceux qui impriment de faux billets, mais elle laisse courir ceux qui écoulent des mots erronés. Moi, je protège la langue que j'utilise[1]. » On aurait tort de ne pas le suivre. Protéger la langue c'est notamment essayer de mieux comprendre son fonctionnement, naturel et artificiel, à la croisée de différentes disciplines et méthodologies scientifiques.

J'ai donc défendu ici la thèse que les mots sont des sortes d'entités biologiques naturelles, qu'ils sont le fruit de contraintes cognitives et environnementales leur ayant donné des formes diverses tout en les inscrivant dans nos cerveaux. Cette perspective souligne que la nature des mots ne peut se concevoir de façon isolée ou pour elle-même. Les mots n'existent que dans un système cognitif traitant de l'information grâce à une inscription matérielle. Déchiffrer cette dualité ou même multiplicité de propriétés nourrit notre compréhension du monde. Sur l'esprit humain, sur l'intelligence des autres animaux, sur le codage informatique des connaissances, sur les origines et principes des formes que nous utilisons quotidiennement, les mots ont encore beaucoup de choses à nous dire.

Notes bibliographiques

Avant-propos

1. Binet et Henri (1894), Balota (1994).

PREMIÈRE PARTIE

CHAPITRE 1
Que savons-nous des mots ?

1. Ces actes de colloque proposent une perspective interdisciplinaire actuelle en quinze brefs chapitres : Robert (2020).
2. Nos descriptions de disciplines scientifiques ont plus de cent caractères mais sont tout de même très incomplètes. Pour aller plus loin, Wikipédia fournit d'excellentes ressources sur chacune des disciplines scientifiques citées, par exemple, https://fr.wikipedia.org/wiki/Portail:Linguistique.
3. Différentes perspectives sur la psycholinguistique peuvent être trouvées dans Pinker (1999), Segui et Ferrand (2000), Levelt (2014).
4. Ullman (2016).
5. Pinto et Sato (2016).
6. Cet exemple n'est pas choisi au hasard ; l'exploration des bases neurales de cette distinction grammaticale a une longue histoire mêlant des observations remarquables à des théories de plus en plus détaillées : Shapiro et Caramazza (2003), et plus récemment De Aguiar et Rofes (2022), Elli *et al.* (2019), Tomasino *et al.* (2019).

7. Arnal *et al.* (2016), Giraud *et al.* (2007), Ding *et al.* (2016).
8. Boeckx et Theofanopoulou (2014), Friederici et Singer (2015), Poeppel (2012).
9. La page décrivant cet événement : https://www.neurolang.org/2017/panelist-2014.
10. Un agile aperçu dans Berry (2020).
11. Je tiens cette anecdote de mon collègue le professeur Frédéric Béchet.
12. Noam Chomsky a beaucoup écrit sur ce sujet ; parmi ses contributions les plus récentes : Berwick et Chomsky (2017).
13. Le débat entre Katzir (2023) et Piantadosi (2023), ou Landragin (2020).

CHAPITRE 2
Mesurer les mots

1. Le site Internet de la Bibliothèque nationale de France présente des dossiers illustrés sur la naissance et l'aventure des écritures : https://essentiels.bnf.fr/fr/livres-et-ecritures/ecriture-un-code.
2. On commence tout de même à essayer d'interpréter des « fossiles cognitifs » : Baumard *et al.* (2024).
3. Une documentation détaillée sur ces inventions peut être trouvée dans les actes d'un colloque rendant hommage à Scott de Martinville : http://www.academie-sciences.fr/fr/Seances-publiques/5-a-7-scott-de-martinville.html.
4. L'extrait, cité par Nicolas et Ferrand (2008), est tiré du chapitre 80 du *Comte de Monte-Cristo* (Dumas, 1846).
5. Schmidgen (2002) donne un compte rendu détaillé de ces découvertes.
6. Donders (1868), Donders (1969), Roelofs (2018).
7. Par exemple, Drugowitsch *et al.* (2016), Gomez et Perea (2014), Vidal *et al.* (2011).
8. Benschop (1998).
9. Cattell (1886a, 1886b) ; l'expérience avec les encres de couleurs inventée par Stroop est facile à reproduire à la maison : Augustinova *et al.* (2016).
10. Fraisse (1964), Oldfield et Wingfield (1964, 1965), Segui et Fraisse (1968).
11. Dufau *et al.* (2011), Gosling et Mason (2015), Pinet *et al.* (2017).
12. Peeters (2019), Castet *et al.* (2022).
13. Comparer, dans l'ordre chronologique : Friston *et al.* (1996), Posner (2005), Hanson (2022).
14. Caeira *et al.* (2023), Ince *et al.* (2021), La Vaque (1999).
15. Buchsbaum et Fedio (1969) ; voir aussi Wood *et al.* (1971), McAdam et Whitaker (1971).
16. Baillet (2017), Dikker *et al.* (2020).
17. Petersen *et al.* (1988) ou Posner (2005) pour l'approche classique ; plus à jour : Kriegeskorte *et al.* (2006), King *et al.* (2020).
18. Poldrack (2006) fournit une analyse critique des inférences cognitives permises par l'imagerie cérébrale.
19. Kutas et Federmeier (2011).

20. Les grandes lignes esquissées proviennent du modèle à double route de la compréhension de mots de Hickok et Poeppel (2007) ; des perspectives sur différents aspects de la structuration cérébrale du langage sont à trouver dans Hagoort (2019), Pylkkänen (2019), ou Scott (2019).

CHAPITRE 3

Le manque du mot

1. Frederick *et al.* (2022).
2. Pour aller plus loin, voir Giraud (2018).
3. de Partz et Pillon (2014), Sabadell *et al.* (2022).
4. Schwartz (1999) rapporte cette métaphore pour 45 langues.
5. de Partz et Pillon (2014). Pour le même phénomène en l'absence ce pathologie, voir Dorot et Mathey (2013) ou Brown et McNeill (1966) par exemple.
6. Il s'agit notamment de Broca (1861a) et Broca (1861b), facilement accessibles sur Internet. D'autres écrits de Broca sur les différences entre les « races » et entre les sexes ne sont pas passés à la postérité ; ils ont récemment alimenté un débat sur certaines facettes de l'homme derrière le personnage historique (comparer Huard, 1961, et Boraud et Forkel, 2022).
7. De Lichteim (1885) à Geschwind (1970). Perspectives actuelles dans Nespoulous (2016), Rutten (2022).
8. Billot *et al.* (2022), Duffau (2016), Fridriksson *et al.* (2018), Tate *et al.* (2014).
9. Mesulam *et al.* (2015), Tremblay et Dick (2016) ; voir aussi Binder (2017), Matchin *et al.* (2022).
10. Suárez *et al.* (2020), Thiebaut De Schotten et Forkel (2022).
11. Comparer Bourguignon (2014), Thibault *et al.* (2021).
12. Discuté dans Tippett et Hillis (2016) ; voir aussi plus généralement Blumstein (2016).
13. Caramazza et Coltheart (2006), Ghys (2021).
14. Bates *et al.* (2003), Pustina et Mirman (2022).

CHAPITRE 4

Théories et mot-dèles

1. Pallier et Fabre (2016) ; voir aussi Hale *et al.* (2022).
2. Costa et Sebastián-Gallés (2014), traduit par l'auteur.
3. Sur ces débats pointus, on pourra contraster les points de vue de Blanco-Elorrieta et Caramazza (2021), Calabria *et al.* (2018), Goldrick et Gollan (2023), Green et Abutalebi (2013), ou Lehtonen *et al.* (2023). Pour une vue d'ensemble : Costa (2022).
4. Oldfield et Wingfield (1964, 1965) ; voir aussi Howes et Solomon (1951).
5. Pour le français, la base de données de référence est http://www.lexique.org/ (New *et al.*, 2001, 2004).

6. Voir par exemple Norris (2006).
7. Le processus conduisant à observer une loi de puissance est bien décrit par Logan (1995) ; les origines de l'idée sous-jacente sont racontées par Rosenbaum et Janczyk (2019). Cela dit, l'importance de la loi de puissance a été sévèrement mise en question par certains (Evans *et al.*, 2018). La notion même que l'on puisse trouver des lois décrivant les performances de la mémoire ne fait pas l'unanimité (Roediger III, 2008).
8. Stumpf et Porter (2012).
9. Ce sont les données et l'interprétation de Smith et Levy (2013) ; une revue complète de la littérature dans Brysbaert *et al.* (2018).
10. Perry *et al.* (2010, 2014).
11. Guenther (2016), Kearney et Guenther (2019).

CHAPITRE 5

Trois niveaux de description

1. Miller (1990).
2. Marr (2010) ; voir aussi Carandini (2012), Love (2015), Sackur (2014).
3. Grainger *et al.* (2008), Hinton (2007), Testolin *et al.* (2017).
4. J'avoue ne pas connaître grand-chose à la graphologie. Je me suis arrêté à la page Wikipédia correspondante, qui est très détaillée : https://fr.wikipedia.org/wiki/Graphologie.
5. Voir l'œuvre linguistique de Chomsky (*passim*).
6. Marzi et Pirrelli (2022), Pinker et Ullman (2002), Ramscar (2023).
7. J'ai entendu cette métaphore pour la première fois il y a pas mal d'années, proposée par mon collègue Boris Burle. Je crois me souvenir qu'il la racontait avec un match de rugby. On la retrouve tissée sous différentes formes, par exemple dans Broadfoot (2023).
8. Le décodage des sons entendus a été mené dans de nombreuses études sur le langage, par exemple Formisano *et al.* (2008), Pasley *et al.* (2012) ; ça marche aussi avec la musique : Bellier *et al.* (2023). Des synthèses récentes de ces travaux sont dans Bhaya-Grossman et Chang (2022) ou Ramsey et Crone (2023).
9. King *et al.* (2020), Kriegeskorte et Douglas (2019), Schrimpf *et al.* (2021).
10. Leonard *et al.* (2024), Quiroga (2012), Rutishauser *et al.* (2021).
11. Hyafil *et al.* (2015), Poeppel (2012), Poeppel *et al.* (2008) ; voir aussi Palestro *et al.* (2018).
12. Ku *et al.* (2012).
13. Dell *et al.* (2014).
14. Les deux géants sont Isaac Newton et John Achibald Wheeler. On attribue au premier la métaphore de l'enfant jouant sur la plage – et celle des épaules des géants. À John Achibald Wheeler on attribue la métaphore de l'augmentation de l'ignorance comme la taille d'un océan – justifiée, essentiellement, par la propriété d'« inégalité isopérimétrique »…

SECONDE PARTIE

CHAPITRE 6

Découvrir ses premiers mots

1. Boysson-Bardies (1996), Gervain et Mehler (2010).
2. Dehaene-Lambertz et Kabdebon (2020), Kabdebon et Dehaene-Lambertz (2016).
3. Parmi les travaux fondateurs pour tester la connaissance de ce code chez des bébés âgés entre 1 et 4 mois, il y a Eimas *et al.* (1971) et Eimas (1975).
4. Werker et Curtin (2005).
5. Kuhl (2004), Yip (2006).
6. Autour de cette hypothèse très générale : Monson *et al.* (2013), Parise *et al.* (2014).
7. Kuhl (2010), Maurer et Werker (2014), Peña *et al.* (2012), Werker et Tees (2002).
8. Saffran et Kirkham (2018), Teinonen *et al.* (2009).
9. Bergelson et Swingley (2013), Gervain et Mehler (2010), Ngon *et al.* (2013), Swingley (2009).
10. Bortfeld *et al.* (2005).
11. Halberda (2003).
12. Carey (2010), Kucker *et al.* (2015).
13. Smith et Yu (2008).
14. Samuelson et McMurray (2017), Yurovsky *et al.* (2013).
15. Babineau *et al.* (2023), Cruz-Pavía *et al.* (2021).
16. Section 5 de Kabdebon et Dehaene-Lambertz (2016), Wilson *et al.* (2020).
17. Frost *et al.* (2019), Isbilen et Christiansen (2022), Saffran et Kirkham (2018).
18. Erickson et Thiessen (2015).
19. Mueller *et al.* (2020), Santolin et Saffran (2018), ten Cate (2017).
20. Conway (2020), Perruchet (2019).
21. Kuhl (2004), Lenneberg (1967).
22. Werker et Hensch (2015).
23. Kachergis *et al.* (2022), Samuelson (2021).
24. Brysbaert *et al.* (2016), Golinkoff *et al.* (2019).

CHAPITRE 7

« Paroles, paroles, paroles »

1. *L'Homme sans qualités* (Musil, 2011).
2. Boersma et Weenik (1992-2023).
3. Brandao de Carvalho *et al.* (2010), Nguyen *et al.* (2005).
4. Avanzi *et al.* (2012), Lee et Doherty (2017), Plug *et al.* (2021).
5. Ding *et al.* (2017), Varnet *et al.* (2017).
6. de Haan (1977), Foulke et Sticht (1969).

7. Ghitza et Greenberg (2009).
8. Davis et Johnsrude (2007), Elliott et Theunissen (2009).
9. Albouy *et al.* (2020), Elliott et Theunissen (2009).
10. Estimer le nombre de mots connus est une question complexe : Brysbaert *et al.* (2016), Schmitt (2014).
11. Dans sa thèse, Christophe Pallier cite une estimation de l'ordre de 3 000 syllabes.
12. Norris et Cutler (1985), White (2018).
13. Marslen-Wilson (1987), McClelland et Elman (1986), Norris (1994).
14. Bowers *et al.* (2016), Kolinsky *et al.* (1995), Mitterer *et al.* (2018).
15. Dell (2021), Rossi et Peter-Defare (1998).
16. Mesgarani *et al.* (2014).
17. Samuel (2020), voir aussi Morais (2021) à propos du caractère présumé phonologique des phonèmes.
18. Pierrehumbert (2016).
19. Arnal *et al.* (2016), Giraud et Poeppel (2012), Hyafil *et al.* (2015), Kell *et al.* (2018), Poeppel et Assaneo (2020).
20. Albouy *et al.* (2020), Poeppel et Assaneo (2020).
21. Brodbeck *et al.* (2022), Davis et Johnsrude (2007), Kuperberg et Jaeger (2016), White (2018).
22. De Gaulle (1958), Desproges (1985).
23. Christiansen et Chater (2016), Poeppel et Assaneo (2020).

CHAPITRE 8
La forme et le sens des mots

1. Knuth (1976).
2. On peut explorer les régularités statistiques du français sur le site www.lexique.org (New *et al.*, 2004). Des ressources comparables existent, plus ou moins accessibles en ligne, pour différentes langues.
3. Mastermind : Maestro-Montojo *et al.* (2014) ; Wordle : Anderson et Meyer (2022), Short (2022) ou le site Web *Solveur de Wordle – Aide et triche en ligne*.
4. Bentz et Ferrer-i-Cancho (2016), Sigurd *et al.* (2004).
5. La loi d'abréviation est formulée Zipf (1936) ; voir aussi le compte rendu plus général de Bertin et Lafouge (2020) ou Piantadosi (2014).
6. Gahl (2008), Mahowald *et al.* (2013), Piantadosi *et al.* (2011).
7. Vitevitch (2022), Sadat *et al.* (2014).
8. Dautriche *et al.* (2017).
9. Gibson *et al.* (2019), Koplenig *et al.* (2017), Rezaii *et al.* (2022).
10. Adams et Lloyd (1983), Murillo *et al.* (2009), Wallraff (2006), Yanne (2000).
11. Berlin et Kay (1965), Kay et Cook (2015) et le site Web *The World Color Survey* (2017) ; voir aussi Abbott *et al.* (2016), Lindsey *et al.* (2015), Twomey *et al.* (2021).
12. Skelton *et al.* (2017), Witzel (2019).

13. Wittgenstein (2014) ; pour l'approche expérimentale voir Frank et Goodman (2012), Gibson *et al.* (2017), Zaslavsky *et al.* (2019).
14. Levinson (2012).
15. Evans *et al.* (2021), Levinson (2012), Passmore *et al.* (2021).
16. Kirby *et al.* (2016).
17. Kemp et Regier (2012).
18. Gärdenfors (2017), Geeraerts (2017), Newberry *et al.* (2017), Thompson *et al.* (2020).
19. Chen *et al.* (2017), Lambon-Ralph *et al.* (2017), Mesulam (2023), Snowden *et al.* (2018).
20. Collins et Loftus (1975), Collins et Quillian (1969). Voir aussi l'outil de représentation des sens disponible en ligne https://wordnet.princeton.edu/.
21. Binder et Desai (2011), Damasio (1989), Fernandino *et al.* (2016), Kuhnke *et al.* (2023), Lambon-Ralph *et al.* (2017).
22. Bi (2021), Kiefer et Harpaintner (2020).
23. Bi (2021), Pereira *et al.* (2018), Wang *et al.* (2018).
24. Semple *et al.* (2022).

CHAPITRE 9
Les mots doux à la matrice

1. Kasparov (2018), Silver *et al.* (2017, 2018).
2. Wittgenstein (2014, § 108).
3. Salton *et al.* (1975).
4. Rubenstein et Goodenough (1965).
5. Landauer et Dumais (1997).
6. Salton *et al.* (1975), Sparck Jones (1972).
7. Griffiths *et al.* (2007).
8. Erk (2012), Günther *et al.* (2019).
9. Louwerse et Benesh (2012).
10. Pylkkänen (2019).
11. Hayes (2013), Petruszewycz (1983).
12. Bahl *et al.* (1983), Jelinek (1976), Ney *et al.* (1994)
13. Bengio *et al.* (2003), Mikolov *et al.* (2013).
14. Derry *et al.* (2023).
15. Rumelhart *et al.* (1986), Vapnik (1998), Le Cun (2019).
16. Manning *et al.* (2020).
17. Baroni *et al.* (2014).
18. Le Cun (2019).
19. Vaswani *et al.* (2017).
20. Le Cun (2019).
21. Pérez-Ortiz *et al.* (2022).

CHAPITRE 10

Des animots ?

1. Seyfarth *et al.* (1980), Price *et al.* (2015), Wegdell *et al.* (2019).
2. Fischer et Price (2017), Townsend et Manser (2013).
3. Struhsaker (1967), Seyfarth *et al.* (1980).
4. Hosey et Melfi (2020).
5. Gardner et Gardner (1969), Savage-Rumbaugh *et al.* (1993), Terrace *et al.* (1979) et d'autres. Pour une vision d'ensemble : Pepperberg (2017).
6. Pinker (1999).
7. Grainger *et al.* (2012).
8. Macedonia et Evans (1993).
9. Vernes *et al.* (2021a, 2021b).
10. Boë *et al.* (2017), Fischer et Price (2017), Jarvis (2019), Lameira (2017) ; voir aussi Ackermann *et al.* (2014), Egnor et Hauser (2004), Fischer (2021), Vernes *et al.* (2021a).
11. Amphaeris *et al.* (2023), Macedonia et Evans (1993), Scarantino et Clay (2015), Townsend et Manser (2013), Wheeler et Fischer (2015), Fischer et Price (2017).
12. Deshpande *et al.* (2023), Zuberbühler *et al.* (1999).
13. Crockford *et al.* (2017).
14. Graham et Hobaiter (2023), Ouattara *et al.* (2009), Schlenker *et al.* (2014), Townsend *et al.* (2018) ; voir aussi Engesser *et al.* (2016).
15. Prat (2019).
16. Pickering et Garrod (2004).
17. Dennett (1983), Graham *et al.* (2020), Scott-Phillips et Heintz (2023), Townsend *et al.* (2017).
18. Ben Mocha et Burkart (2021), Rodrigues et Fröhlich (2021).
19. Bates *et al.* (1975), Bretherton et Bates (1979).
20. Leavens (2021), Tomasello (2006), Tomasello et Call (2019) ; voir aussi Bates *et al.* (1975).
21. Meguerditchian et Becker (2023).
22. Reboul (2023).

Parler comme on l'entend

1. *Impossible* (De Luca, 2020), p. 106.

Références citées

Abbott, J. T., Griffiths, T. L. et Regier, T. (2016), « Focal Colors Across Languages Are Representative Members of Color Categories », *Proceedings of the National Academy of Sciences*, 113 (40), p. 11178-11183.

Ackermann, H., Hage, S. R. et Ziegler, W. (2014), « Brain Mechanisms of Acoustic Communication in Humans and Nonhuman Primates : An Evolutionary Perspective », *Behavioral and Brain Sciences*, 37 (6), p. 529-546.

Adams, D. et Lloyd, J. (1983), *The Meaning of Liff*, Pan books.

Albouy, P., Benjamin, L., Morillon, B. et Zatorre, R. J. (2020), « Distinct Sensitivity to Spectrotemporal Modulation Supports Brain Asymmetry for Speech and Melody », *Science*, 367 (6481), p. 1043-1047.

Amphaeris, J., Blumstein, D. T., Shannon, G., Tenbrink, T. et Kershenbaum, A. (2023), « A Multifaceted Framework to Establish the Presence of Meaning in Non-human Communication », *Biological Reviews*, 98 (6), p. 1887-1909.

Anderson, B. J. et Meyer, J. G. (2022), « Finding the Optimal Human Strategy for Wordle Using Maximum Correct Letter Probabilities and Reinforcement Learning », arXiv.

Arnal, L. H., Poeppel, D. et Giraud, A.-L. (2016), « A Neurophysiological Perspective on Speech Processing », *in* G. Hickok et S. L. Small (dir.), *Neurobiology of Language*, Academic Press, p. 463-478.

Augustinova, M., Almeida, E., Clarys, D., Ferrand, L., Izaute, M., Jalenques, I., Juneau, C., Normand, A. et Silvert, L. (2016), « Que mesure l'interférence Stroop ? Quand et comment ? Arguments méthodologiques et théoriques en faveur d'un changement de pratiques dans sa mesure », *L'Année psychologique*, 116 (1), p. 45-66.

Avanzi, M., Dubosson, P. et Schwab, S. (2012), « Effects of Dialectal Origin on Articulation Rate in French », *Interspeech*, 2012, p. 651-654.

Babineau, M., Havron, N., Dautriche, I., de Carvalho, A. et Christophe, A. (2023), « Learning to Predict and Predicting to Learn : Before and Beyond the Syntactic Bootstrapper », *Language Acquisition*, 30 (3-4), p. 337-360.

Bahl, L. R., Jelinek, F. et Mercer, R. L. (1983), « A Maximum Likelihood Approach to Continuous Speech Recognition », *IEEE Transactions on Pattern Analysis and Machine Intelligence*, PAMI-5 (2), p. 179-190.

Baillet, S. (2017), « Magnetoencephalography for Brain Electrophysiology and Imaging », *Nature Neuroscience*, 20 (3), p. 327-339.

Balota, D. A. (1994), « Visual Word Recognition : The Journey From Features to Meaning », *in* M. A. Gernsbacher (dir.), *Handbook of Psycholinguistics*, Academic Press, p. 303-358.

Baroni, M., Dinu, G. et Kruszewski, G. (2014), « Don't Count, Predict ! A Systematic Comparison of Context-Counting vs. Context-Predicting Semantic Vectors », *in* K. Toutanova et H. Wu (dir.), 52nd *Annual Meeting of the Association for Computational Linguistics*, Baltimore, Maryland, vol. 1, p. 238-247.

Bates, E., Camaioni, L. et Volterra, V. (1975), « The Acquisition of Performatives Prior to Speech », *Merrill-Palmer Quarterly of Behavior and Development*, 21 (3), p. 205-226.

Bates, E., Wilson, S. M., Saygin, A. P., Dick, F., Sereno, M. I., Knight, R. T. et Dronkers, N. F. (2003), « Voxel-Based Lesion-Symptom Mapping », *Nature Neuroscience*, 6 (5), p. 448-450.

Baumard, N., Safra, L., Martins, M. et Chevallier, C. (2024), « Cognitive Fossils : Using Cultural Artifacts to Reconstruct Psychological Changes Throughout History », *Trends in Cognitive Sciences*, 28 (2), p. 172-186.

Bellier, L., Llorens, A., Marciano, D., Gunduz, A., Schalk, G., Brunner, P. et Knight, R. T. (2023), « Music Can Be Reconstructed From Human Auditory Cortex Activity Using Nonlinear Decoding Models », *PLOS Biology*, 21 (8), e3002176.

Ben Mocha, Y. et Burkart, J. M. (2021), « Intentional Communication : Solving Methodological Issues to Assigning First-Order Intentional Signalling », *Biological Reviews*, 96 (3), p. 903-921.

Bengio, Y., Ducharme, R., Vincent, P. et Jauvin, C. (2003), « A Neural Probabilistic Language Model », *Journal of Machine Learning Research*, 3 (6), p. 1137-1155.

Benschop, R. (1998), « What Is a Tachistoscope ? Historical Explorations of an Instrument », *Science in Context*, 11 (1), p. 23-50.

Bentz, C. et Ferrer-i-Cancho, R. (2016), « Zipf's Law of Abbreviation as a Language Universal », Leiden Workshop on Capturing Phylogenetic Algorithms for Linguistics.

Bergelson, E. et Swingley, D. (2013), « The Acquisition of Abstract Words by Young Infants », *Cognition*, 127 (3), p. 391-397.

Berlin, B. et Kay, P. (1965), *Basic Color Terms : Their Universality and Evolution*, University of California Press.

Berry, G. (2020), « Les langages informatiques : de la pensée à l'exécution automatique », *in* J.-N. Robert (dir.), *Langue et science, langage et pensée*, Odile Jacob, p. 71-90.

Bertin, M. et Lafouge, T. (2020), « La loi de Zipf 70 ans après : pluridisciplinarité, modèles et controverses », *Communication et langages*, 206 (4), p. 111-134.

Berwick, R. C. et Chomsky, N. (2017), *Why Only Us : Language and Evolution*, The MIT Press.

Bhaya-Grossman, I. et Chang, E. F. (2022), « Speech Computations of the Human Superior Temporal Gyrus », *Annual Review of Psychology*, 73 (1), p. 79-102.

Bi, Y. (2021), « Dual Coding of Knowledge in the Human Brain », *Trends in Cognitive Sciences*, 25 (10), p. 883-895.

Billot, A., Thiebaut de Schotten, M., Parrish, T. B., Thompson, C. K., Rapp, B., Caplan, D. et Kiran, S. (2022), « Structural Disconnections Associated With Language Impairments in Chronic Post-stroke Aphasia Using Disconnectome Maps », *Cortex*, 155, p. 90-106.

Binder, J. R. (2017), « Current Controversies on Wernicke's Area and its Role in Language », *Current Neurology and Neuroscience Reports*, 17 (8), p. 58.

Binder, J. R. et Desai, R. H. (2011), « The Neurobiology of Semantic Memory », *Trends in Cognitive Sciences*, 15 (11), p. 527-536.

Binet, A. et Henri, V. (1894), « La mémoire des mots », *L'Année psychologique*, 1 (1), p. 1-23.

Blanco-Elorrieta, E. et Caramazza, A. (2021), « A Common Selection Mechanism at Each Linguistic Level in Bilingual and Monolingual Language Production », *Cognition*, 213, 104625.

Blumstein, S. E. (2016), « Psycholinguistic Approaches to the Study of Syndromes and Symptoms of Aphasia », *in* G. Hickok et S. L. Small (dir.), *Neurobiology of Language*, Academic Press, p. 923-933.

Boë, L.-J., Berthommier, F., Legou, T., Captier, G., Kemp, C., Sawallis, T. R., Becker, Y., Rey, A. et Fagot, J. (2017), « Evidence of a Vocalic Proto-System in the Baboon (*Papio papio*) Suggests Pre-Hominin Speech Precursors », *PLOS ONE*, 12 (1), e0169321.

Boeckx, C. et Theofanopoulou, C. (2014), « A Multidimensional Interdisciplinary Framework for Linguistics : The Lexicon as a Case Study », *Journal of Cognitive Science*, 15 (4), p. 403-420.

Boersma, P. et Weenik, D. (1992-2023), *Praat : Doing Phonetics by Computer*, Université d'Amsterdam.

Boraud, T. et Forkel, S. J. (2022), « Paul Broca : From Fame to Shame ? », *Brain*, 145 (3), p. 801-804.

Bortfeld, H., Morgan, J. L., Golinkoff, R. M. et Rathbun, K. (2005), « Mommy and Me : Familiar Names Help Launch Babies Into Speech-Stream Segmentation », *Psychological Science*, 16 (4), p. 298-304.

Bourguignon, N. J. (2014), « A Rostro-Caudal Axis for Language in the Frontal Lobe : The Role of Executive Control in Speech Production », *Neuroscience and Biobehavioral Reviews*, 47, p. 431-444.

Bowers, J. S., Kazanina, N. et Andermane, N. (2016), « Spoken Word Identification Involves Accessing Position Invariant Phoneme Representations », *Journal of Memory and Language*, 87, p. 71-83.

Boysson-Bardies, B. de (1996), *Comment la parole vient aux enfants. De la naissance jusqu'à 2 ans*, Odile Jacob.

Brandao de Carvalho, J., Nguyen, N. et Wauquier, S. (2010), *Comprendre la phonologie*, Presses universitaires de France.

Bretherton, I. et Bates, E. (1979), « The Emergence of Intentional Communication », *New Directions for Child and Adolescent Development*, 1979 (4), p. 81-100.

Broadfoot, M. (2023), « Reading the Mind With Machines », *Knowable Magazine. Annual Reviews*, 21 mai.

Broca, P. P. (1861a), « Perte de la parole, ramollissement chronique et destruction partielle du lobe antérieur gauche du cerveau », *Bulletin de la Société anthropologique*, 2, p. 235-238.

Broca, P. P. (1861b), « Remarques sur le siège de la faculté du langage articulé, suivies d'une observation d'aphémie (perte de la parole) », *Bulletin de la Société anatomique*, 6, p. 330-357.

Brodbeck, C., Bhattasali, S., Cruz Heredia, A. A., Resnik, P., Simon, J. Z. et Lau, E. (2022), « Parallel Processing in Speech Perception With Local and Global Representations of Linguistic Context », *eLife*, 11, e72056.

Brown, R. et McNeill, D. (1966), « The "Tip of the Tongue" Phenomenon », *Journal of Verbal Learning and Verbal Behavior*, 5 (4), p. 325-337.

Brysbaert, M., Mandera, P. et Keuleers, E. (2018), « The Word Frequency Effect in Word Processing : An Updated Review », *Current Directions in Psychological Science*, 27 (1), p. 45-50.

Brysbaert, M., Stevens, M., Mandera, P. et Keuleers, E. (2016), « How Many Words Do We Know ? Practical Estimates of Vocabulary Size Dependent on Word Definition, the Degree of Language Input and the Participant's Age », *Frontiers in Psychology*, 7, p. 1116.

Buchsbaum, M. et Fedio, P. (1969), « Visual Information and Evoked Responses From the Left and Right Hemispheres », *Electroencephalography and Clinical Neurophysiology*, 26 (3), p. 266-272.

Caeira, M. W., Caboclo, L. O. et Paola, L. D. (2023), « An Appraisal to Hans Berger by the Time of His 150th Birthday : The Human EEG and Tales of Blood Flow, Heat and Brain Waves », *Arquivos de Neuro-Psiquiatría*, 81 (12), p. 1163-1168.

Calabria, M., Costa, A., Green, D. W. et Abutalebi, J. (2018), « Neural Basis of Bilingual Language Control », *Annals of the New York Academy of Sciences*, 1426 (1), p. 221-235.

Caramazza, A. et Coltheart, M. (2006), « Cognitive Neuropsychology Twenty Years On », *Cognitive Neuropsychology*, 23 (1), p. 3-12.

Carandini, M. (2012), « From Circuits to Behavior : A Bridge Too Far ?, *Nature Neuroscience*, 15 (4), p. 507-509.

Carey, S. (2010), « Beyond Fast Mapping », *Language Learning and Development*, 6 (3), p. 184-205.

Castet, E., Termoz-Masson, J., Delachambre, J., Hugon, C., Wu, H.-Y. et Kornprobst, P. (2022), « PTVR : A User-Friendly Open-Source Script Programming Package to Create Virtual Reality Experiments », ECVP 2022 : European Conference on Visual Perception.

Cattell, J. M. (1886a), « The Time it Takes to See and Name Objects », *Mind*, 11 (41), p. 63-65.

Cattell, J. M. (1886b), « The Time Taken up by Cerebral Operations », *Mind*, 11 (42), p. 220-242.

Chen, L., Lambon Ralph, M. A. et Rogers, T. T. (2017), « A Unified Model of Human Semantic Knowledge and Its Disorders », *Nature Human Behaviour*, 1 (3), 0039.

Christiansen, M. H. et Chater, N. (2016), « The Now-or-Never Bottleneck : A Fundamental Constraint on Language », *Behavioral and Brain Sciences*, 39, e62.

Collins, A. M. et Loftus, E. F. (1975), « A Spreading-Activation Theory of Semantic Processing », *Psychological Review*, 82 (6), p. 407-428.

Collins, A. M. et Quillian, M. R. (1969), « Retrieval Time From Semantic Memory », *Journal of Verbal Learning and Verbal Behavior*, 8 (2), p. 240-247.

Conway, C. M. (2020), « How Does the Brain Learn Environmental Structure ? Ten Core Principles for Understanding the Neurocognitive Mechanisms of Statistical Learning », *Neuroscience and Biobehavioral Reviews*, 112, p. 279-299.

Costa, A. (2022), *Le Cerveau bilingue et ce qu'il nous dit de la science du langage*, traduit par C. Pallier, Odile Jacob.

Costa, A. et Sebastián-Gallés, N. (2014), « How Does the Bilingual Experience Sculpt the Brain ? », *Nature Reviews Neuroscience*, 15 (5), p. 336-345.

Crockford, C., Wittig, R. M. et Zuberbühler, K. (2017), « Vocalizing in Chimpanzees Is Influenced by Social-Cognitive Processes », *Science Advances*, 3 (11), e1701742.

Cruz-Pavía, I. de la, Marino, C. et Gervain, J. (2021), « Learning Word Order : Early Beginnings », *Trends in Cognitive Sciences*, 25 (9), p. 802-812.

Damasio, A. R. (1989), « Time-Locked Multiregional Retroactivation : A Systems-Level Proposal for the Neural Substrates of Recall and Recognition », *Cognition*, 33 (1), p. 25-62.

Dautriche, I., Mahowald, K., Gibson, E., Christophe, A. et Piantadosi, S. T. (2017), « Words Cluster Phonetically Beyond Phonotactic Regularities », *Cognition*, 163, p. 128-145.

Davis, M. H. et Johnsrude, I. S. (2007), « Hearing Speech Sounds : Top-Down Influences on the Interface Between Audition and Speech Perception », *Hearing Research*, 229 (1-2), p. 132-147.

De Aguiar, V. et Rofes, A. (2022), « The Noun-Verb Distinction », *Handbook of Clinical Neurology*, 187, p. 245-262.

Dehaene-Lambertz, G. et Kabdebon, C. (2020), « The Cerebral Bases of Language Acquisition », *in* D. Poeppel, G. R. Mangun et M. S. Gazzaniga (dir.), *The Cognitive Neurosciences*, The MIT Press, 6e éd., p. 899-906. https://hal.science/hal-03334027/.

Dell, G. S., Kelley, A. C., Hwang, S. et Bian, Y. (2021), « The Adaptable Speaker : A Theory of Implicit Learning in Language Production », *Psychological Review*, 128 (3), p. 446-487.

Dell, G. S., Nozari, N. et Oppenheim, G. M. (2014), « Word Production », *in* M. Goldrick, V. S. Ferreira et M. Miozzo (dir.), *The Oxford Handbook of Language Production*, Oxford University Press, p. 88-104.

De Luca, E. (2020), *Impossible* (traduit par D. Valin), Gallimard.

Dennett, D. C. (1983), « Intentional Systems in Cognitive Ethology : The "Panglossian Paradigm" Defended », *Behavioral and Brain Sciences*, 6 (3), p. 343-355.

Derry, A., Krzywinski, M. et Altman, N. (2023), « Neural Networks Primer », *Nature Methods*, 20 (2), p. 165-167.

Deshpande, A., van de Waal, E. et Zuberbühler, K. (2023), « Context-Dependent Alarm Responses in Wild Vervet Monkeys », *Animal Cognition*, 26 (4), p. 1199-1208.

Desproges, P. (1985), *Dictionnaire superflu à l'usage de l'élite et des bien nantis*, Seuil.

Dikker, S., Assaneo, M. F., Gwilliams, L., Wang, L. et Kösem, A. (2020), « Magnetoencephalography and Language », *Neuroimaging Clinics*, 30 (2), p. 229-238.

Ding, N., Melloni, L., Zhang, H., Tian, X. et Poeppel, D. (2016), « Cortical Tracking of Hierarchical Linguistic Structures in Connected Speech », *Nature Neuroscience*, 19 (1), p. 158-164.

Ding, N., Patel, A. D., Chen, L., Butler, H., Luo, C. et Poeppel, D. (2017), « Temporal Modulations in Speech and Music », *Neuroscience and Biobehavioral Reviews*, 81, p. 181-187.

Donders, F. C. (1868), « La vitesse des actes psychiques », *Archives néerlandaises des sciences exactes et naturelles*, 3, p. 296-317.

Donders, F. C. (1969), « On the Speed of Mental Processes », *Acta Psychologica*, 30, p. 412-431.

Dorot, D. et Mathey, S. (2013), « Accès aux représentations sémantiques et phonologiques chez des adultes jeunes et âgés : une étude des mots sur le bout de la langue », *Psychologie française*, 58 (1), p. 1-16.

Drugowitsch, J., Wyart, V., Devauchelle, A.-D. et Koechlin, E. (2016), « Computational Precision of Mental Inference as Critical Source of Human Choice Suboptimality », *Neuron*, 92 (6), p. 1398-1411.

Dufau, S., Duñabeitia, J. A., Moret-Tatay, C., McGonigal, A., Peeters, D., Alario, F.-X., Balota, D. A., Brysbaert, M., Carreiras, M., Ferrand, L., Ktori, M., Perea, M., Rastle, K., Sasburg, O., Yap, M. J., Ziegler, J. C. et Grainger, J. (2011), « Smart Phone, Smart Science : How the Use of Smartphones Can Revolutionize Research in Cognitive Science », *PLOS ONE*, 6 (9), e24974.

Duffau, H. (2016), *L'Erreur de Broca. Exploration d'un cerveau éveillé*, Michel Lafon.

Dumas, A. (1846), « Le comte de Monte-Cristo », *Journal des Débats*.

Egnor, S. E. R. et Hauser, M. D. (2004), « A Paradox in the Evolution of Primate Vocal Learning », *Trends in Neurosciences*, 27 (11), p. 649-654.

Eimas, P. D. (1975), « Auditory and Phonetic Coding of the Cues for Speech : Discrimination of the [R-L] Distinction by Young Infants », *Perception and Psychophysics*, 18 (5), p. 341-347.

Eimas, P. D., Siqueland, E. R., Jusczyk, P. et Vigorito, J. (1971), « Speech Perception in Infants », *Science*, 171 (3968), p. 303-306.

Elli, G. V., Lane, C. et Bedny, M. (2019), « A Double Dissociation in Sensitivity to Verb and Noun Semantics Across Cortical Networks », *Cerebral Cortex*, 29 (11), p. 4803-4817.

Elliott, T. M. et Theunissen, F. E. (2009), « The Modulation Transfer Function for Speech Intelligibility », *PLOS Computational Biology*, 5 (3), e1000302.

Engesser, S., Ridley, A. R. et Townsend, S. W. (2016), « Meaningful Call Combinations and Compositional Processing in the Southern Pied Babbler », *Proceedings of the National Academy of Sciences*, 113 (21), p. 5976-5981.

Erickson, L. C. et Thiessen, E. D. (2015), « Statistical Learning of Language : Theory, Validity, and Predictions of a Statistical Learning Account of Language Acquisition », *Developmental Review*, 37, p. 66-108.

Erk, K. (2012), « Vector Space Models of Word Meaning and Phrase Meaning : A Survey », *Language and Linguistics Compass*, 6 (10), p. 635-653.

Evans, N. J., Brown, S. D., Mewhort, D. J. K. et Heathcote, A. (2018), « Refining the Law of Practice », *Psychological Review*, 125 (4), p. 592-605.

Evans, N., Levinson, S. et Sterelny, K. (2021), « Kinship Revisited », *Biological Theory*, 16 (3), p. 123-126.

Fernandino, L., Binder, J. R., Desai, R. H., Pendl, S. L., Humphries, C. J., Gross, W. L., Conant, L. L. et Seidenberg, M. S. (2016), « Concept Representation Reflects Multimodal Abstraction : A Framework for Embodied Semantics », *Cerebral Cortex*, 26 (5), p. 2018-2034.

Fischer, J. (2021), « Primate Vocal Communication and the Evolution of Speech », *Current Directions in Psychological Science*, 30 (1), p. 55-60.

Fischer, J. et Price, T. (2017), « Meaning, Intention, and Inference in Primate Vocal Communication », *Neuroscience and Biobehavioral Reviews*, 82, p. 22-31.

Formisano, E., De Martino, F., Bonte, M. et Goebel, R. (2008), « "Who" Is Saying "What" ? Brain-Based Decoding of Human Voice and Speech », *Science*, 322 (5903), p. 970-973.

Foulke, E. et Sticht, T. G. (1969), « Review of Research on the Intelligibility and Comprehension of Accelerated Speech », *Psychological Bulletin*, 72 (1), p. 50-62.

Fraisse, P. (1964), « Le temps de réaction verbale. I : Dénomination et lecture », *L'Année psychologique*, 64 (1), p. 21.

Frank, M. C., Braginsky, M., Yurovsky, D. et Marchman, V. A. (2017), « Wordbank : An Open Repository for Developmental Vocabulary Data », *Journal of Child Language*, 44 (3), p. 677-694.

Frank, M. C. et Goodman, N. D. (2012), « Predicting Pragmatic Reasoning in Language Games », *Science*, 336 (6084), p. 998-998.

Frederick, A., Jacobs, M., Adams-Mitchell, C. J. et Ellis, C. (2022), « The Global Rate of Post-Stroke Aphasia », *Perspectives of the ASHA Special Interest Groups*, 7 (5), p. 1567-1572.

Fridriksson, J., Den Ouden, D. B., Hillis, A. E., Hickok, G., Rorden, C., Basilakos, A., Yourganov, G. et Bonilha, L. (2018), « Anatomy of Aphasia Revisited », *Brain*, 141 (3), p. 848-862.

Friederici, A. D. et Singer, W. (2015), « Grounding Language Processing on Basic Neurophysiological Principles », *Trends in Cognitive Sciences*, 19 (6), p. 329-338.

Friston, K. J., Price, C. J., Fletcher, P., Moore, C., Frackowiak, R. S. J. et Dolan, R. J. (1996), « The Trouble with Cognitive Subtraction », *NeuroImage*, 4 (2), p. 97-104.

Frost, R., Armstrong, B. C. et Christiansen, M. H. (2019), « Statistical Learning Research : A Critical Review and Possible New Directions », *Psychological Bulletin*, 145 (12), p. 1128-1153.

Gahl, S. (2008), « Time and Thyme Are not Homophones : The Effect of Lemma Frequency on Word Durations in Spontaneous Speech », *Language*, 84 (3), p. 474-496.

Gärdenfors, P. (2017), « Cognitively Oriented Theories of Meaning », *in Oxford Research Encyclopedia of Linguistics*.

Gardner, R. A. et Gardner, B. T. (1969), « Teaching Sign Language to a Chimpanzee : A Standardized System of Gestures Provides a Means of Two-Way Communication With a Chimpanzee », *Science*, 165 (3894), p. 664-672.

Gaulle, C. de (1958), « Je vous ai compris ! », discours prononcé par le général de Gaulle, président du Conseil, au Forum d'Alger (Algérie), 4 juin 1958, elysee.fr. https://www.elysee.fr/charles-de-gaulle/1958/06/04/je-vous-ai-compris-discours-prononce-par-le-general-de-gaulle-president-du-conseil-au-forum-dalger-algerie-4-juin-1958.

Geeraerts, D. (2017), « Lexical Semantics », *in Oxford Research Encyclopedia of Linguistics*.

Gervain, J. et Mehler, J. (2010), « Speech Perception and Language Acquisition in the First Year of Life », *Annual Review of Psychology*, 61 (1), p. 191-218.

Geschwind, N. (1970), « The Organization of Language and the Brain », *Science*, 170 (3961), p. 940-944.

Ghitza, O. et Greenberg, S. (2009), « On the Possible Role of Brain Rhythms in Speech Perception : Intelligibility of Time-Compressed Speech with Periodic and Aperiodic Insertions of Silence », *Phonetica*, 66 (1-2), p. 113-126.

Ghys, E. (2021), *La Petite Histoire des flocons de neige*, Odile Jacob.

Gibson, E., Futrell, R., Jara-Ettinger, J., Mahowald, K., Bergen, L., Ratnasingam, S., Gibson, M., Piantadosi, S. T. et Conway, B. R. (2017), « Color Naming Across Languages Reflects Color Use », *Proceedings of the National Academy of Sciences*, 114(40), p. 10785-10790.

Gibson, E., Futrell, R., Piantadosi, S. P., Dautriche, I., Mahowald, K., Bergen, L. et Levy, R. (2019), « How Efficiency Shapes Human Language », *Trends in Cognitive Sciences*, 23 (5), p. 389-407.

Gimenes, M., Perret, C. et New, B. (2020), « Lexique-Infra : Grapheme-Phoneme, Phoneme-Grapheme Regularity, Consistency, and Other Sublexical Statistics for 137,717 Polysyllabic French Words », *Behavior Research Methods*, 52 (6), p. 2480-2488.

Giraud, A.-L. (2018), *Le Cerveau et les Maux de la parole. Aphasie, dyslexie, surdité, bégaiement…*, Odile Jacob.

Giraud, A.-L., Kleinschmidt, A., Poeppel, D., Lund, T. E., Frackowiak, R. S. J. et Laufs, H. (2007), « Endogenous Cortical Rhythms Determine Cerebral Specialization for Speech Perception and Production », *Neuron*, 56 (6), p. 1127-1134.

Giraud, A.-L. et Poeppel, D. (2012), « Cortical oscillations and speech processing : Emerging computational principles and operations », *Nature Neuroscience*, 15 (4), p. 511-517.

Goldrick, M. et Gollan, T. H. (2023), « Inhibitory Control of the Dominant Language : Reversed Language Dominance Is the Tip of the Iceberg », *Journal of Memory and Language*, 130, 104410.

Golinkoff, R. M., Hoff, E., Rowe, M. L., Tamis-LeMonda, C. S. et Hirsh-Pasek, K. (2019), « Language Matters : Denying the Existence of the 30-Million-Word Gap Has Serious Consequences », *Child Development*, 90 (3), p. 985-992.

Gomez, P. et Perea, M. (2014), « Decomposing Encoding and Decisional Components in Visual-Word Recognition : A Diffusion Model Analysis », *Quarterly Journal of Experimental Psychology*, 67 (12), 2455-2466.

Gosling, S. D. et Mason, W. (2015), « Internet Research in Psychology », *Annual Review of Psychology*, 66 (1), p. 877-902.

Graham, K. E. et Hobaiter, C. (2023), « Towards a Great Ape Dictionary : Inexperienced Humans Understand Common Nonhuman Ape Gestures », *PLOS Biology*, 21 (1), e3001939.

Graham, K. E., Wilke, C., Lahiff, N. J. et Slocombe, K. E. (2020), « Scratching Beneath the Surface : Intentionality in Great Ape Signal Production », *Philosophical Transactions of the Royal Society B : Biological Sciences*, 375 (1789), 20180403.

Grainger, J., Dufau, S., Montant, M., Ziegler, J. C. et Fagot, J. (2012), « Orthographic Processing in Baboons (*Papio papio*) », *Science*, 336 (6078), p. 245-248.

Grainger, J., Rey, A. et Dufau, S. (2008), « Letter Perception : From Pixels to Pandemonium », *Trends in Cognitive Sciences*, 12 (10), p. 381-387.

Green, D. W. et Abutalebi, J. (2013), « Language Control in Bilinguals : The Adaptive Control Hypothesis », *Journal of Cognitive Psychology*, 25 (5), p. 515-530.

Griffiths, T. L., Steyvers, M. et Tenenbaum, J. B. (2007), « Topics in Semantic Representation », *Psychological Review*, 114 (2), p. 211-244.

Guenther, F. H. (2016), *Neural Control of Speech*, The MIT Press.

Günther, F., Rinaldi, L. et Marelli, M. (2019), « Vector-Space Models of Semantic Representation From a Cognitive Perspective : A Discussion of Common Misconceptions », *Perspectives on Psychological Science*, 14 (6), p. 1006-1033.

Haan, H. J. de (1977), « A Speech-Rate Intelligibility Threshold for Speeded and Time-Compressed Connected Speech », *Perception and Psychophysics*, 22 (4), p. 366-372.

Hagoort, P. (2019), « The Neurobiology of Language Beyond Single-Word Processing », *Science*, 366 (6461), p. 55-58.

Halberda, J. (2003), « The Development of a Word-Learning Strategy », *Cognition*, 87 (1), B23-B34.

Hale, J. T., Campanelli, L., Li, J., Bhattasali, S., Pallier, C. et Brennan, J. R. (2022), « Neurocomputational Models of Language Processing », *Annual Review of Linguistics*, 8 (1), p. 427-446.

Hanson, S. J. (2022), « The Failure of Blobology : fMRI Misinterpretation, Maleficience and Muddle », *Frontiers in Human Neuroscience*, 16, 870091.

Hayes, B. (2013), « First Links in the Markov Chain », *American Scientist*, 101 (2), p. 92.

Hickok, G. et Poeppel, D. (2007), « The Cortical Organization of Speech Processing », *Nature Reviews Neuroscience*, 8 (5), p. 393-402.

Hinton, G. E. (2007), « Learning Multiple Layers of Representation », *Trends in Cognitive Sciences*, 11 (10), p. 428-434.

Hosey, G. et Melfi, V. A. (2020), « Us and Them : Human-Animal Interactions as Learning Events », *in* V. A. Melfi, N. R. Dorey et S. J. Ward (dir.), *Zoo Animal Learning and Training*, Wiley, p. 167-181.

Howes, D. H. et Solomon, R. L. (1951), « Visual Duration Threshold as a Function of Word-Probability », *Journal of Experimental* Psychology, 41 (6), p. 401-410.

Huard, P. (1961), « Paul Broca (1824-1880), avec une bibliographie des travaux de Broca par Samuel Pozzi (1846-1918) », *Revue d'histoire des sciences et de leurs applications*, 14 (1), p. 47-86.

Hyafil, A., Fontolan, L., Kabdebon, C., Gutkin, B. et Giraud, A.-L. (2015), « Speech Encoding by Coupled Cortical Theta and Gamma Oscillations », *eLife*, 4, e06213.

İnce, R., Adanır, S. S. et Sevmez, F. (2021), « The Inventor of Electroencephalography (EEG) : Hans Berger (1873-1941) », *Child's Nervous System*, 37 (9), p. 2723-2724.

Isbilen, E. S. et Christiansen, M. H. (2022), « Statistical Learning of Language : A Meta-Analysis Into 25 Years of Research », *Cognitive Science*, 46 (9), e13198.

Jarvis, E. D. (2019), « Evolution of Vocal Learning and Spoken Language », *Science*, 366 (6461), p. 50-54.

Jelinek, F. (1976), « Continuous Speech Recognition by Statistical Methods », *Proceedings of the IEEE*, 64 (4), 532-556.

Kabdebon, C. et Dehaene-Lambertz, G. (2016), « Les premièrs étapes de l'acquisition du langage », *in* S. Pinto et M. Sato (dir.), *Traité de neurolinguistique*, De Boeck Supérieur, p. 17.

Kachergis, G., Marchman, V. A. et Frank, M. C. (2022), « Toward a "Standard Model" of Early Language Learning », *Current Directions in Psychological Science*, 31 (1), p. 20-27.

Kasparov, G. (2018), « Chess, a Drosophila of Reasoning », *Science*, 362 (6419), p. 1087-1087.

Katzir, R. (2023), « Why Large Language Models Are Poor Theories of Human Linguistic Cognition. A Reply to Piantadosi (2023) », LingBuzz, mars.

Kay, P. et Cook, R. S. (2015), « World Color Survey », *in* R. Luo (dir.), *Encyclopedia of Color Science and Technology*, Springer Berlin Heidelberg, p. 1-8.

Kearney, E. et Guenther, F. H. (2019), « Articulating : The Neural Mechanisms of Speech Production », *Language, Cognition and Neuroscience*, 34 (9), p. 1214-1229.

Kell, A. J. E., Yamins, D. L. K., Shook, E. N., Norman-Haignere, S. V. et McDermott, J. H. (2018), « A Task-Optimized Neural Network Replicates Human Auditory Behavior, Predicts Brain Responses, and Reveals a Cortical Processing Hierarchy », *Neuron*, 98 (3), p. 630-644.

Kemp, C. et Regier, T. (2012), « Kinship Categories Across Languages Reflect General Communicative Principles », *Science*, 336 (6084), p. 1049-1054.

Kiefer, M. et Harpaintner, M. (2020), « Varieties of Abstract Concepts and Their Grounding in Perception or Action », *Open Psychology*, 2 (1), p. 119-137.

King, J., Gwilliams, L., Holdgraf, C., Sassenhagen, J., Barachant, A., Engemann, D., Larson, E. et Gramfort, A. (2020), « Encoding and Decoding Framework to Uncover the Algorithms of Cognition », *in* D. Poeppel, G. R. Mangun et M. S. Gazzaniga (dir.), *The Cognitive Neurosciences*, The MIT Press, 6e éd., p. 691-702.

Kirby, K. R., Gray, R. D., Greenhill, S. J., Jordan, F. M., Gomes-Ng, S., Bibiko, H.-J., Blasi, D. E., Botero, C. A., Bowern, C., Ember, C. R., Leehr, D., Low, B. S., McCarter, J., Divale, W. et Gavin, M. C. (2016), « D-PLACE : A Global Database of Cultural, Linguistic and Environmental Diversity », *PLOS ONE*, 11 (7), e0158391.

Knuth, D. E. (1976), « The Computer as Master Mind », *Journal of Recreational Mathematics*, 9 (1), p. 1-6.

Kolinsky, R., Morais, J. et Cluytens, M. (1995), « Intermediate Representations in Spoken Word Recognition : Evidence from Word Illusions », *Journal of Memory and Language*, 34 (1), p. 19-40.

Koplenig, A., Meyer, P., Wolfer, S. et Müller-Spitzer, C. (2017), « The Statistical Trade-off Between Word Order and Word Structure – Large-Scale Evidence for the Principle of Least Effort », *PLOS ONE*, 12 (3), e0173614.

Kriegeskorte, N. et Douglas, P. K. (2019), « Interpreting Encoding and Decoding Models », *Current Opinion in Neurobiology*, 55, p. 167-179.

Kriegeskorte, N., Goebel, R. et Bandettini, P. (2006), « Information-Based Functional Brain Mapping », *Proceedings of the National Academy of Sciences*, 103 (10), p. 3863-3868.

Ku, Y., Hong, B., Zhou, W., Bodner, M. et Zhou, Y.-D. (2012), « Sequential Neural Processes in Abacus Mental Addition : An EEG and fMRI Case Study », *PLOS ONE*, 7 (5), e36410.

Kucker, S. C., McMurray, B. et Samuelson, L. K. (2015), « Slowing Down Fast Mapping : Redefining the Dynamics of Word Learning », *Child Development Perspectives*, 9 (2), p. 74-78.

Kuhl, P. K. (2004), « Early Language Acquisition : Cracking the Speech Code », *Nature Reviews Neuroscience*, 5 (11), p. 831-843.

Kuhl, P. K. (2010), « Brain Mechanisms in Early Language Acquisition », *Neuron*, 67 (5), p. 713-727.

Kuhnke, P., Beaupain, M. C., Arola, J., Kiefer, M. et Hartwigsen, G. (2023), « Meta-Analytic Evidence for a Novel Hierarchical Model of Conceptual Processing », *Neuroscience and Biobehavioral Reviews*, 144, 104994.

Kuperberg, G. R. et Jaeger, T. F. (2016), « What Do We Mean by Prediction in Language Comprehension ? », *Language, Cognition and Neuroscience*, 31 (1), p. 32-59.

Kutas, M. et Federmeier, K. D. (2011), « Thirty Years and Counting : Finding Meaning in the N400 Component of the Event-Related Brain Potential (ERP) », *Annual Review of Psychology*, 62 (1), p. 621-647.

La Vaque, T. J. (1999), « Hans Berger : Psychophysiologist. A Historical Vignette », *Journal of Neurotherapy*, 3 (2), p. 1-9.

Lambon-Ralph, M. A., Jefferies, E., Patterson, K. et Rogers, T. T. (2017), « The Neural and Computational Bases of Semantic Cognition », *Nature Reviews Neuroscience*, 18 (1), p. 42-55.

Lameira, A. R. (2017), « Bidding Evidence for Primate Vocal Learning and the Cultural Substrates for Speech Evolution », *Neuroscience and Biobehavioral Reviews*, 83, p. 429-439.

Landauer, T. K. et Dumais, S. T. (1997), « A Solution to Plato's Problem : The Latent Semantic Analysis Theory of Acquisition, Induction, and Representation of Knowledge », *Psychological Review*, 104 (2), p. 211-240.

Landragin, F. (2020), *Comment parle un robot ? Les machines à langage dans la science-fiction*, Le Bélial'.

Le Cun, Y. (2019), *Quand la machine apprend. La révolution des neurones artificiels et de l'apprentissage profond*, Odile Jacob.

Leavens, D. A. (2021), « The Referential Problem Space revisited : An Ecological Hypothesis of the Evolutionary and Developmental Origins of Pointing », *WIREs Cognitive Science*, 12 (4), e1554.

Lee, A. et Doherty, R. (2017), « Speaking Rate and Articulation Rate of Native Speakers of Irish English », *Speech, Language and Hearing*, 20 (4), p. 206-211.

Lehtonen, M., Fyndanis, V. et Jylkkä, J. (2023), « The Relationship Between Bilingual Language Use and Executive Functions », *Nature Reviews Psychology*, 2 (6), p. 360-373.

Lenneberg, E. H. (1967), *Biological Foundations of Language*, Wiley.

Leonard, M. K., Gwilliams, L., Sellers, K. K., Chung, J. E., Xu, D., Mischler, G., Mesgarani, N., Welkenhuysen, M., Dutta, B. et Chang, E. F. (2024), « Large-Scale Single-Neuron Speech Sound Encoding Across the Depth of Human Cortex », *Nature*, 626, p. 593-602.

Levelt, W. J. M. (2014), *A History of Psycholinguistics : The Pre-Chomskyan Era*, Oxford University Press.

Levinson, S. C. (2012), « Kinship and Human Thought », *Science*, 336 (6084), p. 988-989.

Lichteim, L. (1885), « On Aphasia », *Brain*, 7 (4), p. 433-484.

Lindsey, Delwin T., Brown, Angela M., Brainard, David H. et Apicella, Coren L. (2015), « Hunter-Gatherer Color Naming Provides New Insight into the Evolution of Color Terms », *Current Biology*, 25 (18), p. 2441-2446.

Logan, G. D. (1995), « The Weibull Distribution, the Power Law, and the Instance Theory of Automaticity », *Psychological Review*, 102 (4), p. 751-756.

Louwerse, M. M. et Benesh, N. (2012), « Representing Spatial Structure Through Maps and Language : *Lord of the Rings* Encodes the Spatial Structure of Middle Earth », *Cognitive Science*, 36 (8), p. 1556-1569.

Love, B. C. (2015), « The Algorithmic Level Is the Bridge Between Computation and Brain », *Topics in Cognitive Science*, 7 (2), p. 230-242.

Macedonia, J. M. et Evans, C. S. (1993), « Essay on Contemporary Issues in Ethology : Variation among Mammalian Alarm Call Systems and the Problem of Meaning in Animal Signals », *Ethology*, 93 (3), p. 177-197.

Maestro-Montojo, J., Salcedo-Sanz, S. et Merelo, J. J. (2014), « New Solver and Optimal Anticipation Strategies Design Based on Evolutionary Computation for the Game of MasterMind », *Evolutionary Intelligence*, 6 (4), p. 219-228.

Mahowald, K., Fedorenko, E., Piantadosi, S. T. et Gibson, E. (2013), « Info/Information Theory : Speakers Choose Shorter Words in Predictive Contexts », *Cognition*, 126 (2), p. 313-318.

Manning, C. D., Clark, K., Hewitt, J., Khandelwal, U. et Levy, O. (2020), « Emergent Linguistic Structure in Artificial Neural Networks Trained by Self-Supervision », *Proceedings of the National Academy of Sciences*, 117 (48), p. 30046-30054.

Marr, D. (2010), *Vision : A Computational Investigation into the Human Representation and Processing of Visual Information*, The MIT Press.

Marslen-Wilson, W. D. (1987), « Functional Parallelism in Spoken Word-Recognition », *Cognition*, 25 (1-2), p. 71-102.

Marzi, C. et Pirrelli, V. (2022), « Psycholinguistic Research on Inflectional Morphology in the Romance Languages », *in Oxford Research Encyclopedia of Linguistics*.

Matchin, W., den Ouden, D.-B., Hickok, G., Hillis, A. E., Bonilha, L. et Fridriksson, J. (2022), « The Wernicke Conundrum Revisited : Evidence

From Connectome-Based Lesion-Symptom Mapping », *Brain*, 145 (11), p. 3916-3930.

Maurer, D. et Werker, J. F. (2014), « Perceptual Narrowing During Infancy : A Comparison of Language and Faces », *Developmental Psychobiology*, 56 (2), p. 154-178.

McAdam, D. W. et Whitaker, H. A. (1971), « Language Production : Electroencephalographic Localization in the Normal Human Brain », *Science*, 172 (3982), p. 499-502.

McClelland, J. L. et Elman, J. L. (1986), « The TRACE Model of Speech Perception », *Cognitive Psychology*, 18 (1), p. 1-86.

Meguerditchian, A. et Becker, Y. (2023), « Et si la clé des origines du langage se trouvait dans le cerveau des singes ? », TheConversation.com, 9 mars, http://theconversation.com/et-si-la-cle-des-origines-du-langage-se-trouvait-dans-le-cerveau-des-singes-199824.

Mesgarani, N., Cheung, C., Johnson, K. et Chang, E. F. (2014), « Phonetic Feature Encoding in Human Superior Temporal Gyrus », *Science*, 343 (6174), p. 1006-1010.

Mesulam, M. M. (2023), « Temporopolar Regions of the Human Brain », *Brain*, 146 (1), p. 20-41.

Mesulam, M. M., Thompson, C. K., Weintraub, S. et Rogalski, E. J. (2015), « The Wernicke Conundrum and the Anatomy of Language Comprehension in Primary Progressive Aphasia », *Brain*, 138 (8), p. 2423-2437.

Mikolov, T., Chen, K., Corrado, G. et Dean, J. (2013), « Efficient Estimation of Word Representations in Vector Space », intervention à la Ist International Conference on Learning Representations (ICLR).

Miller, G. A. (1990), « The Place of Language in a Scientific Psychology », *Psychological Science*, 1 (1), p. 7-14.

Mitterer, H., Reinisch, E. et McQueen, J. M. (2018), « Allophones, Not Phonemes in Spoken-Word Recognition », *Journal of Memory and Language*, 98, p. 77-92.

Monson, B. B., Han, S. et Purves, D. (2013), « Are Auditory Percepts Determined by Experience ? », *PLOS ONE*, 8 (5), e63728.

Morais, J. (2021), « The Phoneme : A Conceptual Heritage From Alphabetic Literacy », *Cognition*, 213, 104740.

Mueller, J. L., ten Cate, C. et Toro, J. M. (2020), « A Comparative Perspective on the Role of Acoustic Cues in Detecting Language Structure », *Topics in Cognitive Science*, 12 (3), p. 859-874.

Murillo, C., Leguay, J.-C. et Oestermann, G. (2009), *Le Baleinié. Dictionnaire des tracas. L'intégrale*, Points.

Musil, R. (2011), *L'Homme sans qualités*, traduit par P. Jaccottet, Seuil.

Nespoulous, J.-L. (2016), « Bases cérébrales des processus syntaxiques », *in* S. Pinto et M. Sato (dir.), *Traité de neurolinguistique. Du cerveau au langage*, De Boeck Supérieur, p. 1-12.

New, B., Pallier, C., Brysbaert, M. et Ferrand, L. (2004), « Lexique 2 : A New French Lexical Database », *Behavior Research Methods, Instruments, and Computers*, 36 (3), p. 516-524.

New, B., Pallier, C., Ferrand, L. et Matos, R. (2001), « Une base de données lexicales du français contemporain sur internet : LEXIQUETM//A Lexical Database for Contemporary French : LEXIQUETM », *L'Année psychologique*, 101 (3), p. 447-462.

Newberry, M. G., Ahern, C. A., Clark, R. et Plotkin, J. B. (2017), « Detecting Evolutionary Forces in Language Change », *Nature*, 551 (7679), p. 223-226.

Ney, H., Essen, U. et Kneser, R. (1994), « On structuring probabilistic dependences in stochastic language modelling », Computer Speech and Language, 8 (1), p. 1-38.

Ngon, C., Martin, A., Dupoux, E., Cabrol, D., Dutat, M. et Peperkamp, S. (2013), « (Non)Words, (Non)Words, (Non)Words : Evidence for a Protolexicon During the First Year of Life », *Developmental Science*, 16 (1), p. 24-34.

Nguyen, N., Wauquier-Gravelines, S. et Durand, J. (dir.), (2005), *Phonologie et phonétique : forme et substance*, Lavoisier.

Nicolas, S. et Ferrand, L. (2008), *Histoire de la psychologie scientifique*, De Boeck.

Norris, D. (1994), « Shortlist : A Connectionist Model of Continuous Speech Recognition », *Cognition*, 52 (3), p. 189-234.

Norris, D. (2006), « The Bayesian Reader : Explaining Word Recognition as an Optimal Bayesian Decision Process », *Psychological Review*, 113 (2), p. 327-357.

Norris, D. et Cutler, A. (1985), « Juncture Detection », *Linguistics*, 23 (5), p. 689-706.

Oldfield, R. C. et Wingfield, A. (1964), « The Time it Takes to Name an Object », *Nature*, 202 (4936), p. 1031-1032.

Oldfield, R. C. et Wingfield, A. (1965), « Response Latencies in Naming Objects », *Quarterly Journal of Experimental Psychology*, 17 (4), p. 273-281.

Ouattara, K., Lemasson, A. et Zuberbühler, K. (2009), « Campbell's Monkeys Concatenate Vocalizations Into Context-Specific Call Sequences », *Proceedings of the National Academy of Sciences*, 106 (51), p. 22026-22031.

Palestro, J. J., Bahg, G., Sederberg, P. B., Lu, Z.-L., Steyvers, M. et Turner, B. M. (2018), « A Tutorial on Joint Models of Neural and Behavioral Measures of Cognition », *Journal of Mathematical Psychology*, 84, p. 20-48.

Pallier, C. et Fabre, M. (2016), « Bases cérébrales des processus syntaxiques », *in* S. Pinto et M. Sato (dir.), *Traité de neurolinguistique. Du cerveau au langage*, De Boeck Supérieur, p. 219-228.

Parise, C. V., Knorre, K. et Ernst, M. O. (2014), « Natural Auditory Scene Statistics Shapes Human Spatial Hearing », *Proceedings of the National Academy of Sciences*, 111 (16), p. 6104-6108.

Partz, M.-P. de et Pillon, A. (2014), *Sémiologie, syndromes aphasiques et examen clinique des aphasies. In Traité de neuropsychologie clinique de l'adulte*, vol. 1 : *Évaluation*, De Boeck-Solal, 2e éd., p. 249-265.

Pasley, B. N., David, S. V., Mesgarani, N., Flinker, A., Shamma, S. A., Knight, R. T. et Chang, E. F. (2012), « Reconstructing Speech from Human Auditory Cortex », *PLOS Biology*, 10 (1), p. 13.

Passmore, S., Barth, W., Quinn, K., Greenhill, S. J., Evans, N. et Jordan, F. M. (2021), « Kin Against Kin : Internal Co-selection and the Coherence of Kinship Typologies », *Biological Theory*, 16 (3), p. 176-193.

Peeters, D. (2019), « Virtual Reality : A Game-Changing Method for the Language Sciences », *Psychonomic Bulletin and Review*, 26 (3), p. 894-900.

Peña, M., Werker, J. F. et Dehaene-Lambertz, G. (2012), « Earlier Speech Exposure Does Not Accelerate Speech Acquisition », *The Journal of Neuroscience*, 32 (33), p. 11159-11163.

Pepperberg, I. M. (2017), « Animal Language Studies : What Happened ? », *Psychonomic Bulletin and Review*, 24 (1), p. 181-185.

Pereira, F., Lou, B., Pritchett, B., Ritter, S., Gershman, S. J., Kanwisher, N., Botvinick, M. et Fedorenko, E. (2018), « Toward a Universal Decoder of Linguistic Meaning From Brain Activation », *Nature Communications*, 9 (1), p. 963.

Pérez-Ortiz, J. A., Forcada, M. L. et Sánchez-Martínez, F. (2022), « How Neural Machine Translation Works », *in* D. Kenny (dir.), *Machine Translation for Everyone : Empowering Users in the Age of Artificial Intelligence*, Zenodo, p. 141-164.

Perruchet, P. (2019), « What Mechanisms Underlie Implicit Statistical Learning ? Transitional Probabilities Versus Chunks in Language Learning », *Topics in Cognitive Science*, 11 (3), p. 520-535.

Perry, C., Ziegler, J. C. et Zorzi, M. (2010), « Beyond Single Syllables : Large-Scale Modeling of Reading Aloud With the Connectionist Dual Process (CDP++) Model », *Cognitive Psychology*, 61 (2), p. 106-151.

Perry, C., Ziegler, J. C. et Zorzi, M. (2014), « When Silent Letters Say More Than a Thousand Words : An Implementation and Evaluation of CDP++ in French », *Journal of Memory and Language*, 72, p. 98-115.

Petersen, S. E., Fox, P. T., Posner, M. I., Mintun, M. et Raichle, M. E. (1988), « Positron Emission Tomographic Studies of the Cortical Anatomy of Single-Word Processing », *Nature*, 331 (6157), p. 585-589.

Petruszewycz, M. (1983), « Chaînes de Markov et statistiques linguistiques », *Mots. Les langages du politique*, 7 (1), p. 85-95.

Piantadosi, S. (2023), « Modern Language Models Refute Chomsky's Approach to Language », LingBuzz, mars.

Piantadosi, S. T. (2014), « Zipf's Word Frequency Law in Natural Language : A Critical Review and Future Directions », *Psychonomic Bulletin and Review*, 21 (5), p. 1112-1130.

Piantadosi, S. T., Tily, H. et Gibson, E. (2011), « Word Lengths Are Optimized for Efficient Communication », *Proceedings of the National Academy of Sciences*, 108 (9), p. 3526-3529.

Pickering, M. J. et Garrod, S. (2004), « Toward a Mechanistic Psychology of Dialogue », *Behavioral and Brain Sciences*, 27 (2), p. 169-190.

Pierrehumbert, J. B. (2016), « Phonological Representation : Beyond Abstract Versus Episodic », *Annual Review of Linguistics*, 2 (1), p. 33-52.

Pinet, S., Zielinski, C., Mathôt, S., Dufau, S., Alario, F.-X. et Longcamp, M. (2017), « Measuring Sequences of Keystrokes With jsPsych : Reliability of Response Times and Interkeystroke Intervals », *Behavior Research Methods*, 49 (3), p. 1163-1176.

Pinker, S. (1999), *L'Instinct du langage*, traduit par M.-F. Desjeux, Odile Jacob.

Pinker, S. et Ullman, M. T. (2002), « The Past and Future of the Past Tense », *Trends in Cognitive Sciences*, 6 (11), p. 456-463.

Pinto, S. et Sato, M. (2016), *Traité de neurolinguistique. Du cerveau au langage*, De Boeck Supérieur.

Plug, L., Lennon, R. et Gold, E. (2021), « Articulation Rates' Inter-Correlations and Discriminating Powers in an English Speech Corpus », *Speech Communication*, 132, p. 40-54.

Poeppel, D. (2012), « The Maps Problem and the Mapping Problem : Two Challenges for a Cognitive Neuroscience of Speech and Language », *Cognitive Neuropsychology*, 29 (1-2), p. 34-55.

Poeppel, D. et Assaneo, M. F. (2020), « Speech Rhythms and Their Neural Foundations », *Nature Reviews Neuroscience*, 21 (6), p. 322-334.

Poeppel, D., Idsardi, W. J. et Van Wassenhove, V. (2008), « Speech Perception at the Interface of Neurobiology and Linguistics », *Philosophical Transactions of the Royal Society B : Biological Sciences*, 363 (1493), p. 1071-1086.

Poldrack, R. A. (2006), « Can Cognitive Processes Be Inferred From Neuroimaging Data ? », *Trends in Cognitive Sciences*, 10 (2), p. 59-63.

Posner, M. I. (2005), « Timing the Brain : Mental Chronometry as a Tool in Neuroscience », *PLOS Biology*, 3 (2), e51.

Prat, Y. (2019), « Animals Have No Language, and Humans Are Animals Too », *Perspectives on Psychological Science*, 14 (5), p. 885-893.

Price, T., Wadewitz, P., Cheney, D., Seyfarth, R., Hammerschmidt, K. et Fischer, J. (2015), « Vervets Revisited : A Quantitative Analysis of Alarm Call Structure and Context Specificity », *Scientific Reports*, 5 (1), 13220.

Pustina, D. et Mirman, D. (dir.). (2022), *Lesion-to-Symptom Mapping : Principles and Tools*, Springer US, vol. 180.

Pylkkänen, L. (2019), « The Neural Basis of Combinatory Syntax and Semantics », *Science*, 366 (6461), p. 62-66.

Quiroga, R. Q. (2012), « Concept Cells : The Building Blocks of Declarative Memory Functions », *Nature Reviews Neuroscience*, 13 (8), p. 587-597.

Ramscar, M. (2023), « A Discriminative Account of the Learning, Representation and Processing of Inflection Systems », *Language, Cognition and Neuroscience*, 38 (4), p. 446-470.

Ramsey, N. F. et Crone, N. E. (2023), « Brain Implants That Enable Speech Pass Performance Milestones », *Nature*, 620 (7976), p. 954-955.

Reboul, A. (2023), « Comparaison entre espèces chez le primate et évolution du langage », *Revue de primatologie*, 14.

Rezaii, N., Mahowald, K., Ryskin, R., Dickerson, B. et Gibson, E. (2022), « A Syntax-Lexicon Trade-off in Language Production », *Proceedings of the National Academy of Sciences*, 119 (25), e2120203119.

Robert, J.-N. (dir.) (2020), *Langue et science, langage et pensée*, Odile Jacob.

Rodrigues, E. D. et Fröhlich, M. (2021), « Operationalizing Intentionality in Primate Communication : Social and Ecological Considerations », *International Journal of Primatology*, 45, p. 501-525.

Roediger, III, H. L. (2008), « Relativity of Remembering : Why the Laws of Memory Vanished », *Annual Review of Psychology*, 59 (1), p. 225-254.

Roelofs, A. (2018), « One Hundred Fifty Years After Donders : Insights From Unpublished Data, a Replication, and Modeling of His Reaction Times », *Acta Psychologica*, 191, p. 228-233.

Rosenbaum, D. A. et Janczyk, M. (2019), « Who Is or Was E. R. F. W. Crossman, the Champion of the Power Law of Learning and the Developer of an Influential Model of Aiming ? », *Psychonomic Bulletin and Review*, 26 (4), p. 1449-1463.

Rossi, M. et Peter-Defare, E. (1998), *Les Lapsus ou Comment notre fourche a langué*, Presses universitaires de France.

Rubenstein, H. et Goodenough, J. B. (1965), « Contextual Correlates of Synonymy », *Communications of the Association for Computing Machinery (ACM)*, 8 (10), p. 627-633.

Rumelhart, D. E., Hinton, G. E. et Williams, R. J. (1986), « Learning Representations by Back-Propagating Errors », *Nature*, 323 (6088), p. 533-536.

Rutishauser, U., Reddy, L., Mormann, F. et Sarnthein, J. (2021), « The Architecture of Human Memory : Insights from Human Single-Neuron Recordings », *The Journal of Neuroscience*, 41 (5), p. 883-890.

Rutten, G.-J. (2022), « Broca-Wernicke Theories : A Historical Perspective », *in* A. E. Hillis et J. Fridriksson (dir.), *Handbook of Clinical Neurology*, Elseviervol. 185, p. 25-34.

Sabadell, V., Tcherniak, V., Michalon, S., Kristensen, N. et Renard, A. (2022), *Pathologies neurologiques. Bilans et interventions orthophoniques*, De Boeck Supérieur, 2e éd. revue et augmentée.

Sackur, J. (2014), « Les neurosciences cognitives, sciences naturelles de l'esprit : révolution ou restauration ? », *Cités*, 60 (4), p. 71.

Sadat, J., Martin, C. D., Costa, A. et Alario, F.-X. (2014), « Reconciling Phonological Neighborhood Effects in Speech Production Through Single Trial Analysis », *Cognitive Psychology*, 68, p. 33-58.

Saffran, J. R. et Kirkham, N. Z. (2018), « Infant Statistical Learning », *Annual Review of Psychology*, 69 (1), p. 181-203.

Salton, G., Wong, A. et Yang, C. S. (1975), « A Vector Space Model for Automatic Indexing », *Communications of the Association for Computing Machinery (ACM)*, 18 (11), p. 613-620.

Samuel, A. G. (2020), « Psycholinguists Should Resist the Allure of Linguistic Units as Perceptual Units », *Journal of Memory and Language*, 111, 104070.

Samuelson, L. K. (2021), « Toward a Precision Science of Word Learning : Understanding Individual Vocabulary Pathways », *Child Development Perspectives*, 15 (2), p. 117-124.

Samuelson, L. K. et McMurray, B. (2017), « What Does It Take to Learn a Word ? », *WIREs Cognitive Science*, 8 (1-2), e1421.

Santolin, C. et Saffran, J. R. (2018), « Constraints on Statistical Learning Across Species », *Trends in Cognitive Sciences*, 22 (1), p. 52-63.

Saramago, J. (2006), *La Lucidité*, traduit par G. Leibrich, Seuil.

Savage-Rumbaugh, E. S., Murphy, J., Sevcik, R. A., Brakke, K. E., Williams, S. L., Rumbaugh, D. M. et Bates, E. (1993), « Language Comprehension in Ape and Child », *Monographs of the Society for Research in Child Development*, 58 (3/4), i-252.

Scarantino, A. et Clay, Z. (2015), « Contextually Variable Signals Can Be Functionally Referential », *Animal Behaviour*, 100, e1-e8.

Schlenker, P., Chemla, E., Arnold, K., Lemasson, A., Ouattara, K., Keenan, S., Stephan, C., Ryder, R. et Zuberbühler, K. (2014), « Monkey Semantics : Two "Dialects" of Campbell's Monkey Alarm Calls », *Linguistics and Philosophy*, 37 (6), p. 439-501.

Schmidgen, H. (2002), « Of Frogs and Men : The Origins of Psychophysiological Time Experiments, 1850-1865 », *Endeavour*, 26 (4), p. 142-148.

Schmitt, N. (2014), « Size and Depth of Vocabulary Knowledge : What the Research Shows », *Language Learning*, 64 (4), p. 913-951.

Schrimpf, M., Blank, I. A., Tuckute, G., Kauf, C., Hosseini, E. A., Kanwisher, N., Tenenbaum, J. B. et Fedorenko, E. (2021), « The Neural Architecture of Language : Integrative Modeling Converges on Predictive Processing », *Proceedings of the National Academy of Sciences*, 118 (45), e2105646118.

Schwartz, B. L. (1999), « Sparkling at the End of the Tongue : The Etiology of Tip-Of-The-Tongue Phenomenology », *Psychonomic Bulletin and* Review, 6 (3), p. 379-393.

Scott de Martinville, E.-L. (1878), *Le Problème de la parole s'écrivant elle-même*, Chez l'auteur.

Scott, S. K. (2019), « From Speech and Talkers to the Social World : The Neural Processing of Human Spoken Language », *Science*, 366 (6461), p. 58-62.

Scott-Phillips, T. et Heintz, C. (2023), « Animal Communication in Linguistic and Cognitive Perspective », *Annual Review of Linguistics*, 9 (1), p. 93-111.

Segui, J. et Ferrand, L. (2000), *Leçons de parole*, Odile Jacob.

Segui, J. et Fraisse, P. (1968), « Le temps de réaction verbale : réponses spécifiques et réponses catégorielles à des stimulus-objets », *L'Année psychologique*, 68 (1), p. 69-82.

Semple, S., Ferrer-i-Cancho, R. et Gustison, M. L. (2022), « Linguistic Laws in Biology », *Trends in Ecology and Evolution*, 37 (1), p. 53-66.

Seyfarth, R. M., Cheney, D. L. et Marler, P. (1980), « Vervet Monkey Alarm Calls : Semantic Communication in a Free-Ranging Primate », *Animal Behaviour*, 28 (4), p. 1070-1094.

Shapiro, K. et Caramazza, A. (2003), « The Representation of Grammatical Categories in the Brain », *Trends in Cognitive Sciences*, 7 (5), p. 201-206.

Short, M. B. (2022), « Winning Wordle Wisely », arXiv, 25 avril.

Sigurd, B., Eeg-Olofsson, M. et Van Weijer, J. (2004), « Word Length, Sentence Length and Frequency – Zipf Revisited », *Studia Linguistica*, 58 (1), p. 37-52.

Silver, D., Hubert, T., Schrittwieser, J., Antonoglou, I., Lai, M., Guez, A., Lanctot, M., Sifre, L., Kumaran, D., Graepel, T., Lillicrap, T., Simonyan, K. et Hassabis, D. (2017), « Mastering Chess and Shogi by Self-Play with a General Reinforcement Learning Algorithm », arXiv, 5 décembre.

Silver, D., Hubert, T., Schrittwieser, J., Antonoglou, I., Lai, M., Guez, A., Lanctot, M., Sifre, L., Kumaran, D., Graepel, T., Lillicrap, T., Simonyan, K. et Hassabis, D. (2018), « A General Reinforcement Learning Algorithm That Masters Chess, Shogi, and Go through Self-Play », *Science*, 362 (6419), p. 1140-1144.

Skelton, A. E., Catchpole, G., Abbott, J. T., Bosten, J. M. et Franklin, A. (2017), « Biological Origins of Color Categorization », *Proceedings of the National Academy of Sciences*, 114 (21), p. 5545-5550.

Smith, N. J. et Levy, R. (2013), « The Effect of Word Predictability on Reading Time Is Logarithmic », *Cognition*, 128 (3), p. 302-319.

Smith, L. et Yu, C. (2008), « Infants Rapidly Learn Word-Referent Mappings via Cross-Situational Statistics », *Cognition*, 106 (3), p. 1558-1568.

Snowden, J. S., Harris, J. M., Thompson, J. C., Kobylecki, C., Jones, M., Richardson, A. M. et Neary, D. (2018), « Semantic Dementia and the Left and Right Temporal Lobes », *Cortex*, 107, p. 188-203.

Solveur de Wordle – Aide et Triche en Ligne. (2023), https://www.dcode.fr/solveur-wordle.

Sparck Jones, K. (1972), « A Statistical Interpretation of Term Specificity and Its Application in Retrieval », *Journal of Documentation*, 28 (1), p. 11-21.

Struhsaker, T. T. (1967), « Auditory Communication Among Vervet Monkeys (*Cercopithecus aethiops*) », *in* T. T. Struhsaker, Social Communication Among Primates, University of Chicago Press, p. 281-324.

Stumpf, M. P. H. et Porter, M. A. (2012), « Critical Truths About Power Laws », *Science*, 335 (6069), p. 665-666.

Suárez, L. E., Markello, R. D., Betzel, R. F. et Misic, B. (2020), « Linking Structure and Function in Macroscale Brain Networks », *Trends in Cognitive Sciences*, 24 (4), p. 302-315.

Swingley, D. (2009), « Contributions of Infant Word Learning to Language Development », *Philosophical Transactions of the Royal Society B : Biological Sciences*, 364 (1536), p. 3617-3632.

Tate, M. C., Herbet, G., Moritz-Gasser, S., Tate, J. E. et Duffau, H. (2014), « Probabilistic Map of Critical Functional Regions of the Human Cerebral Cortex : Broca's Area Revisited », *Brain*, 137 (10), p. 2773-2782.

Teinonen, T., Fellman, V., Näätänen, R., Alku, P. et Huotilainen, M. (2009), « Statistical Language Learning in Neonates Revealed by Event-Related Brain Potentials », *BMC Neuroscience*, 10 (1), p. 21.

ten Cate, C. (2017), « Assessing the Uniqueness of Language : Animal Grammatical Abilities Take Center Stage », *Psychonomic Bulletin and Review*, 24 (1), p. 91-96.

Terrace, H. S., Petitto, L. A., Sanders, R. J. et Bever, T. G. (1979), « Can an Ape Create a Sentence ? », *Science*, 206 (4421), p. 891-902.

Testolin, A., Stoianov, I. et Zorzi, M. (2017), « Letter Perception Emerges From Unsupervised Deep Learning and Recycling of Natural Image Features », *Nature Human Behaviour*, 1 (9), p. 657-664.

The World Color Survey (2017), https://www1.icsi.berkeley.edu/wcs/.

Thibault, S., Py, R., Gervasi, A. M., Salemme, R., Koun, E., Lövden, M., Boulenger, V., Roy, A. C. et Brozzoli, C. (2021), « Tool Use and Language Share Syntactic Processes and Neural Patterns in the Basal Ganglia », *Science*, 374 (6569), eabe0874.

Thiebaut De Schotten, M. et Forkel, S. J. (2022), « The Emergent Properties of the Connected Brain », *Science*, 378 (6619), p. 505-510.

Thompson, B., Roberts, S. G. et Lupyan, G. (2020), « Cultural Influences on Word Meanings Revealed Through Large-Scale Semantic Alignment », *Nature Human Behaviour*, 4 (10), p. 1029-1038.

Tippett, D. C. et Hillis, A. E. (2016), « Vascular Aphasia Syndromes », *in* G. Hickok et S. L. Small (dir.), *Neurobiology of Language*, Academic Press, p. 913-922.

Tomasello, M. (2006), « Why Don't Apes Point ? », *in* S. C. Levinson et N. J. Enfield (dir.), *Roots of Human Sociality : Culture, Cognition and Interaction*, Berg, p. 506-524.

Tomasello, M. et Call, J. (2019), « Thirty Years of Great Ape Gestures », *Animal Cognition*, 22 (4), p. 461-469.

Tomasino, B., Tronchin, G., Marin, D., Maieron, M., Fabbro, F., Cubelli, R., Skrap, M. et Luzzatti, C. (2019), « Noun-Verb Naming Dissociation in Neurosurgical Patients », *Aphasiology*, 33 (12), p. 1418-1440.

Townsend, S. W., Engesser, S., Stoll, S., Zuberbühler, K. et Bickel, B. (2018), « Compositionality in Animals and Humans », *PLOS Biology*, 16 (8), e2006425.

Townsend, S. W., Koski, S. E., Byrne, R. W., Slocombe, K. E., Bickel, B., Boeckle, M., Braga Goncalves, I., Burkart, J. M., Flower, T., Gaunet, F., Glock, H. J., Gruber, T., Jansen, D. A. W. A. M., Liebal, K., Linke, A., Miklósi, Á., Moore, R., Van Schaik, C. P., Stoll, S., Vail, A., et al-Manser, M. B. (2017), « Exorcising Grice's Ghost : An Empirical Approach to Studying Intentional Communication in Animals », *Biological Reviews*, 92 (3), p. 1427-1433.

Townsend, S. W. et Manser, M. B. (2013), « Functionally Referential Communication in Mammals : The Past, Present and the Future », *Ethology*, 119 (1), p. 1-11.

Tremblay, P. et Dick, A. S. (2016), « Broca and Wernicke Are Dead, or Moving Past the Classic Model of Language Neurobiology », *Brain and Language*, 162, p. 60-71.

Twomey, C. R., Roberts, G., Brainard, D. H. et Plotkin, J. B. (2021), « What We Talk About When We Talk About Colors », *Proceedings of the National Academy of Sciences*, 118 (39), e2109237118.

Ullman, M. T. (2016), « The Declarative/Procedural Model », *in* G. Hickok et S. L. Small (dir.), *Neurobiology of Language*, Academic Press, p. 953-968.

Vapnik, V. N. (1998), *Statistical Learning Theory*, Wiley.

Varnet, L., Ortiz-Barajas, M. C., Erra, R. G., Gervain, J. et Lorenzi, C. (2017), « A Cross-Linguistic Study of Speech Modulation Spectra », *The Journal of the Acoustical Society of America*, 142 (4), p. 1976-1989.

Vaswani, A., Shazeer, N., Parmar, N., Uszkoreit, J., Jones, L., Gomez, A. N., Kaiser, Ł. et Polosukhin, I. (2017), « Attention Is All You Need », *Advances in Neural Information Processing Systems*, 30.

Vernes, S. C., Janik, V. M., Fitch, W. T. et Slater, P. J. B. (2021a), « Vocal Learning in Animals and Humans », *Philosophical Transactions of the Royal Society B : Biological Sciences*, 376 (1836), 20200234.

Vernes, S. C., Kriengwatana, B. P., Beeck, V. C., Fischer, J., Tyack, P. L., Ten Cate, C. et Janik, V. M. (2021b), « The Multi-Dimensional Nature of Vocal Learning », *Philosophical Transactions of the Royal Society B : Biological Sciences*, 376 (1836), 20200236.

Vidal, F., Burle, B., Grapperon, J. et Hasbroucq, T. (2011), « An ERP Study of Cognitive Architecture and the Insertion of Mental Processes : Donders Revisited », *Psychophysiology*, 48 (9), p. 1242-1251.

Vitevitch, M. S. (2022), « What Can Network Science Tell Us About Phonology and Language Processing ? », *Topics in Cognitive Science*, 14 (1), p. 127-142.

Wallraff, B. (2006), *Word Fugitives : In Pursuite of Wanted Words*, HarperCollins.

Wang, X., Wu, W., Ling, Z., Xu, Y., Fang, Y., Wang, X., Binder, J. R., Men, W., Gao, J.-H. et Bi, Y. (2018), « Organizational Principles of Abstract Words in the Human Brain », *Cerebral Cortex*, 28 (12), p. 4305-4318.

Wegdell, F., Hammerschmidt, K. et Fischer, J. (2019), « Conserved Alarm Calls but Rapid Auditory Learning in Monkey Responses to Novel Flying Objects », *Nature Ecology and Evolution*, 3 (7), p. 1039-1042.

Werker, Janet F. et Curtin, S. (2005), « PRIMIR : A Developmental Framework of Infant Speech Processing », *Language Learning and Development*, 1 (2), p. 197-234.

Werker, Janet F. et Hensch, T. K. (2015), « Critical Periods in Speech Perception : New Directions », *Annual Review of Psychology*, 66 (1), p. 173-196.

Werker, Janet F. et Tees, R. C. (2002), « Cross-Language Speech Perception : Evidence for Perceptual Reorganization During the First Year of Life », *Infant Behavior and Development*, 25 (1), p. 121-133.

Wheeler, B. C. et Fischer, J. (2015), « The Blurred Boundaries of Functional Reference : A Response to Scarantino and Clay », *Animal Behaviour*, 100, e9-e13.

White, L. (2018), « Segmentation of Speech », *in* S.-A. Rueschemeyer et M. G. Gaskell (dir.), *The Oxford Handbook of Psycholinguistics*, Oxford University Press, p. 5-30.

Wilson, B., Spierings, M., Ravignani, A., Mueller, J. L., Mintz, T. H., Wijnen, F., van der Kant, A., Smith, K. et Rey, A. (2020), « Non-adjacent Dependency Learning in Humans and Other Animals », *Topics in Cognitive Science*, 12 (3), p. 843-858.

Wittgenstein, L. (2014), *Recherches philosophiques*, traduit par E. Rigal, Gallimard.

Witzel, C. (2019), « Misconceptions About Colour Categories », *Review of Philosophy and Psychology*, 10 (3), p. 499-540.

Wood, C. C., Goff, W. R. et Day, R. S. (1971), « Auditory Evoked Potentials during Speech Perception », *Science*, 173 (4003), p. 1248-1251.

Yanne, J. (2000), *Dictionnaire des mots qu'il y a que moi qui les connais*, Plon.

Yeh, F.-C. (2022), « Population-Based Tract-to-Region Connectome of the Human Brain and Its Hierarchical Topology », *Nature Communications*, 13 (1), p. 4933.

Yip, M. J. (2006), « The Search for Phonology in Other Species », *Trends in Cognitive Sciences*, 10 (10), p. 442-446.

Yurovsky, D., Smith, L. B. et Yu, C. (2013), « Statistical Word Learning at Scale : The Baby's View Is Better », *Developmental Science*, 16 (6), p. 959-966.

Zaslavsky, N., Kemp, C., Tishby, N. et Regier, T. (2019), « Color Naming Reflects Both Perceptual Structure and Communicative Need », *Topics in Cognitive Science*, 11 (1), p. 207-219.

Zipf, G. R. (1936), *The Psycho-biology of Language : An Introduction to Dynamic Philology*, George Routledge and Sons, Ltd.

Zuberbühler, K., Cheney, D. L. et Seyfarth, R. M. (1999), « Conceptual Semantics in a Nonhuman Primate », *Journal of Comparative Psychology*, 113 (1), p. 33-42.

Remerciements

Même en 2024, un livre ne s'écrit pas tout seul. L'idée de celui-ci a surgi dans le contexte du cours que j'ai coordonné sur le thème « Langage et cognition » au sein du master de sciences cognitives d'Aix-Marseille Université. Je remercie Pascale Colé et Alexis Nasr de m'en avoir confié la responsabilité. Je remercie vivement mes collègues Frédéric Béchet, Roxane Bertrand, Isabelle Dautriche, Adrien Meguerditchian, Marie Montant et Benjamin Morillon d'avoir participé régulièrement à cet enseignement, d'avoir généreusement partagé leurs connaissances et d'avoir vu d'un bon œil que je me lance dans la rédaction d'un texte qui s'inspirait de leurs présentations. J'ai appris auprès de ces collègues autant que si j'étais encore étudiant, et en plus j'ai eu la chance d'assister à leurs cours plusieurs années de suite !

Je suis reconnaissant à l'ensemble des étudiantes et des étudiants qui ont suivi ce cours entre 2018 et 2023. Leur attention soutenue, flottante ou absente, leur enthousiasme occasionnel et certains signes appuyés de leur ennui nous ont aidé à faire évoluer les contenus.

Cet enseignement, mes recherches et donc ce livre bénéficient d'un formidable environnement pluridisciplinaire, l'Institut pour le langage, la communication et le cerveau, plus familièrement désigné par son sigle anglais ILCB. L'ILCB a été fondé et dirigé par

Philippe Blache, puis par Johannes Ziegler ; je les remercie pour la vision, les efforts et la convivialité qu'ils génèrent, avec beaucoup d'autres, au service de cette communauté. Les conversations avec de nombreux collègues de cet institut, et d'ailleurs, ont nourri ma réflexion au cours de l'écriture. La liste de leurs noms serait trop longue et difficile à établir. Je remercie pour des conseils scientifiques ou pédagogiques ou pour des relectures notamment Florence Bouhali, Nicolas Claidière, Thibault Gajdos, Hélène Loevenbruck, Marieke Longcamp, Alexis Nasr et Anne Reboul.

J'ai consolidé ma compréhension des modèles informatiques de langage au cours de l'école d'été en traitement des langues (ETAL https://etal2023.lis-lab.fr/) qui a eu lieu en juin 2023 sous la houlette de Benoit Favre. J'avais cru en commençant ce projet qu'il me suffirait d'enregistrer les cours pour qu'un programme les transcrive en un livre. Je comprends mieux les limites de cette démarche… qui pourraient être bientôt franchies. En attendant, ce livre a été écrit entièrement à la main, à l'aide de dictionnaires et ressources diverses – Académie française, Trésor de la langue française, Wikipedia, etc. – et à l'aide de plusieurs logiciels libres très recommandables, notamment Zettlr pour l'écriture, Zotero pour les références bibliographiques, Praat pour les figures de parole, Mermaid ou LibreOffice pour les diagrammes et les schémas, Freesurfer pour les figures de cerveau.

Je remercie Odile Jacob pour son enthousiasme indéfectible à l'égard de ce projet et Héloïse Mahé pour ses relectures attentives et conseils avisés.

À la maison, Alice et nos enfants Oriane et Léon m'ont aidé chacun à leur manière tout au long de ce long projet. Je les remercie encore avec le dernier mot.

Table

Avant-propos 9

PREMIÈRE PARTIE

CHAPITRE 1 – Que savons-nous des mots ? 15
Les mots vivent dans l'esprit 17
Diverses façons de penser aux mots 18
Les mots de la machine 22

CHAPITRE 2 – Mesurer les mots 25
Les traces du langage 25
La vitesse de la pensée 29
L'activité du cerveau 36
Les recherches actuelles 41

CHAPITRE 3 – Le manque du mot 43
Mots et phrases, victimes d'un accident 43
Broca et Wernicke, pionniers inoubliables 47
Syndromes du langage, complexes et évasifs 50
Des régions aux réseaux 57

CHAPITRE 4 – Théories et mot-dèles 61
Théories verbales du traitement linguistique 61
Du qualitatif au quantitatif 65
La performance mise en équation 66
D'un modèle des données à un modèle des processus 71

CHAPITRE 5 – Trois niveaux de description 81
Le niveau computationnel 82
Le niveau de l'implémentation 87
Le niveau algorithmique 93

SECONDE PARTIE

CHAPITRE 6 – Découvrir ses premiers mots 99
Premiers pas 99
Trouver les codes 102
Un sens pour chaque mot 109
Régularités et syntaxe 113
Chronologie de l'apprentissage 115

CHAPITRE 7 – « Paroles, paroles, paroles » 121
Le signal de parole 122
Catégoriser à chaque instant 128
Segmenter les paroles 133

CHAPITRE 8 – La forme et le sens des mots 139
Distributions statistiques de lettres et de mots 139
Grumeaux et structure du lexique 147
Sens des mots, découpage du monde 151
Parler de la famille 156
Les sens dans le cerveau 158

CHAPITRE 9 – Les mots doux à la matrice 165
Un sac de mots 166
Les mots dans un espace vectoriel 169
Les phrases aussi comme vecteurs 175
Probabilités et séquences 178
Réseaux de neurones artificiels et apprentissage 182
Inspirations et interprétations cognitives 187

CHAPITRE 10 – Des animots ? 189
Cris d'alarme 189
Émissions par réflexe 192
Apprentissage vocal et flexibilité 193
Motivations des vocalisations 195
L'attention partagée 199

Parler comme on l'entend 207

Notes bibliographiques 211
Références citées 219
Remerciements 245

DU MÊME AUTEUR
CHEZ ODILE JACOB

Toutes les questions que vous vous posez sur votre cerveau (dir.), 2011.

Ouvrage proposé par
Laurent Cohen

Cet ouvrage a été imprimé sur du papier
dont les fibres de bois proviennent
de forêts durablement gérées

Cet ouvrage a été composé en Electra et en Whitney
par Nord Compo à Villeneuve-d'Ascq (Nord).

Cet ouvrage
a été achevé d'imprimer
sur les presses de la
Nouvelle Imprimerie Laballery
à Clamecy (58)
en septembre 2024

N° d'édition : 4150-0832-X – N° d'impression : 408015
Dépôt légal : octobre 2024

Imprimé en France